Unity跨平台音视频通信

从入门到应用

李清凯 李淑英 / 编著

电子工业出版社

Publishing House of Electronics Industry

北京·BEIJING

内 容 简 介

本书以实用为宗旨,讲解如何在不依赖云服务的情况下使用Unity独立开发安全、可靠的音视频通信技术。全书共计10章,主要包括Unity音视频通信、Unity软件基础、3D数学与着色器基础、多媒体音频技术、多媒体视频技术、Unity网络通信基础、跨平台音视频通信核心、桌面平台音视频通信实现、Android平台音视频通信实现、XR平台音视频通信实现的相关内容。

本书适合对跨平台音视频通信技术有需求、感兴趣的读者阅读,也适合跨平台音视频通信应用程序的相关开发者阅读,还适合高校及培训机构相关专业的师生参考阅读。

图书在版编目(CIP)数据

Unity 跨平台音视频通信从入门到应用 / 李清凯,李淑英编著. —北京:电子工业出版社,2023.4

ISBN 978-7-121-45245-1

Ⅰ. ①U… Ⅱ. ①李… ②李… Ⅲ. ①移动终端-应用程序-程序设计 Ⅳ. ①TN929.53

中国国家版本馆 CIP 数据核字(2023)第 046291 号

责任编辑:孔祥飞   特约编辑:田学清

印   刷:北京雁林吉兆印刷有限公司

装   订:北京雁林吉兆印刷有限公司

出版发行:电子工业出版社

  北京市海淀区万寿路 173 信箱   邮编:100036

开   本:787×1092   1/16   印张:16   字数:420 千字

版   次:2023 年 4 月第 1 版

印   次:2023 年 4 月第 1 次印刷

定   价:89.00 元

凡所购买电子工业出版社图书有缺损问题,请向购买书店调换。若书店售缺,请与本社发行部联系,联系及邮购电话:(010)88254888,88258888。

质量投诉请发邮件至 zlts@phei.com.cn,盗版侵权举报请发邮件至 dbqq@phei.com.cn。

本书咨询联系方式:(010)51260888-819,faq@phei.com.cn。

前　言

实时跨平台音视频通信技术是当下比较热门的一种技术，应用广泛，各种实现方法及技术层出不穷，现有的各种云服务商也提供了比较成熟的实时音视频服务。

WebRTC 技术是比较成熟的音视频通信技术，已经被 W3C 和 IETF 发布为正式标准。由于大部分主流浏览器都支持 WebRTC 标准的 API，因此，这使得浏览器之间无插件化的音视频通信成为可能，大大降低了音视频通信应用程序开发的门槛，让开发者可以快速构建出音视频通信应用程序。但这项技术并不适用于所有平台，在某些平台（如 XR 平台）上并不会获得很好的体验。所以，可以快速适配不同平台（硬件及操作系统），兼顾高性能，通过简单配置就能使用，才是开发者们在元宇宙时代对音视频通信技术的迫切需求。

跨平台的实现主要归功于 Unity 引擎，它对于大部分平台所具有的兼容性，极大地方便了开发者对跨平台应用程序的开发与部署，本书中的所有开发技术都建立于该开发工具的基础之上。

本书内容基于 Unity 的 API 特性全面适配各类平台，从实际的学习需要出发，结合笔者多年的开发经验精选内容，通过丰富的案例进行实践，培养读者实际应用与拓展 Unity 开发的能力，并且结合讲解的知识点总结开发成功的案例，培养读者综合应用 Unity 开发相关应用程序的初步能力。

主要内容

第 1 章：介绍音视频通信的发展历程、应用场景与应用需求。

第 2 章：介绍 Unity 软件的基础知识，是初级开发者的入门章节。主要内容包括软件介绍、界面介绍、窗口介绍、项目创建、常用的物体和组件、脚本认识、资源包管理和构建设置等。

第 3 章：介绍 3D 数学与着色器的相关知识，包括对物体的移动、缩放，对坐标系的转换、计算，对向量的计算、转换，以及表面着色器和计算着色器的相关知识，并且通过几个应用示例介绍表面着色器和计算着色器的使用方法。

第 4 章：对多媒体音频技术进行简单的介绍，包括音频设备、音频源组件、音频权限、音频多通道、音频采样、音频数字化等。

第 5 章：对多媒体视频技术进行简单的介绍，包括视频设备、视频权限、图像捕捉与视频捕捉、图像数字化、图像和视频压缩技术等。

第 6 章：介绍 Unity 网络通信的基础知识，包括 Unity 通信 API、TCP 通信、UDP 通信，并且使用 C#脚本基于 Socket 的高性能编写 TCP 通信框架和 UDP 通信框架。

第 7 章：全面地介绍 Unity 中音频、视频的数字化及网络传输、接收、解码的流程。

第 8 章：介绍桌面平台音视频通信实现的相关知识，包括桌面平台特征、构建设置、场景搭

IV

建、组件设置、测试发布、测试运行等。

第 9 章：介绍 Android 平台音视频通信实现的相关知识，包括 Android 平台特征、构建设置、场景搭建与贴图压缩、组件设置、测试发布、测试运行等，并且大篇幅地引入计算着色器的相关内容，将普通的数字化数据转换为 JPG 图片数据，从而大幅提升性能及速度。

第 10 章：介绍 XR 平台音视频通信实现的相关知识，并且以 HoloLens 为代表设备讲解了 XR 平台的开发设置、构建设置、场景搭建与贴图压缩、组件设置、测试发布、测试运行等。

本书内容来源于潍坊幻视软件科技有限公司在 AR/MR 领域的技术研发及应用成果，本书所讲解技术已获得"一种跨平台视频通信方法"的发明专利授权，内容比一般的发明专利的公开形式更详尽，方便技术教学和读者学习。其中的音视频技术可以广泛应用于包括但不限于 AR/MR 领域的各类游戏、虚拟仿真等多平台项目中。

读者须知：购买本书并不能获得任何形式的专利授权，并且在未获得专利权人许可的情况下不允许在任何领域对该技术进行商用。

目　录

第 1 章　Unity 音视频通信

1.1　引言

音视频通信的概念出现于 19 世纪，首次实现于 20 世纪，并且随着技术的发展，在 21 世纪的今天，音视频通信技术在很多领域的应用已经非常广泛。

音视频通信可以实现一对一、一对多、多对多的通信。目前，各种各样的即时通信软件层出不穷，服务提供商提供的通信服务功能越来越丰富。近年来，实时音视频通信技术的应用，如聊天室、网络教育、应急指挥、远程医疗、数字电视等，已经成为全球关注的焦点。

音视频通信已是旺盛的市场必不可少的需求。从行业分布来看，有集团公司沟通纽带的即时通信，医疗行业实现社区医院与市医院的简单点对点音视频即时通信，教育机构学校与教师、教师与学生之间的即时通信、公共安全应急指挥领域的突发事件，上级跟下级之间音视频互动的即时通信，等等。音视频互动平台将是未来需求的重点，是创新领域必不可少的核心！

Unity 作为跨平台的开发引擎，在开发时引入音视频通信的功能与技术，并且完美融入各个平台的产品，成为广大开发者的强烈需求。

1.2　发展历程

在日常生活中，人们对音视频通信早已习以为常，如图 1-1 所示。从微信、QQ 等日常的音视频通信，到企业应用的专业视频会议，音视频通信早已普及我们的生活周边。

图 1-1

但是在 19 世纪前，还没有音视频通信的概念，人与人之间的远距离沟通基本靠书信。在 19 世纪后期，爱迪生提出了这个概念，希望在电话中实现声音与图像的传输。直至 1927 年，贝尔电话实验室开发的"图片电话"设备原型机测试，时任美国商务部长的 Herbert Hoover 将视频和音频从华盛顿传输到位于纽约的 AT&T 办公室，如图 1-2 所示。

图 1-2

　　此后，视频电话从想象开始进入技术实现阶段，从贝尔实验室开始，历经百年时间，视频会议系统才发展成如今的模样。

　　在现代社会，人们对信息交流的需求越来越大，多种电子设备让人们可以随时随地进行通话。当下，5G 已经全面展开商用，人类的通信技术再一次走上了快速发展期。信息技术正在向几十亿的人与人、人与物的下一代实时音视频连接持续演进。

 1.3　技术应用

1.3.1　应用场景

- 在线教育：大班课、小班课、1V1 教学等场景，提供音视频通话+课堂应用插件，让教师在线授课，与学生实时互动。
- 社交娱乐：秀场直播、语聊房、直播答题、在线 KTV 等 1V1 连麦、多人互动连麦场景，可以配合齐全的美声、美颜插件。
- 游戏领域：游戏直播、团战开黑、狼人杀、剧本杀等实时交流场景，即时音视频 SDK 可以保证低资源消耗，带给玩家极致的游戏体验。
- 其他延展的形式：还有一些新兴场景，如互动电商直播、远程医疗、智能手表、智能音响等场景。

1.3.2　应用需求

- 并发量：一对一聊天、一对多连麦、多人群组通话，尽量多地支持并发连接数量，在提高数量级的同时，对通话在延迟、实时性等方面造成尽可能低的影响；支持海量并发，客户实际延时在 200ms 以内。
- 稳定性：需要各种定制化的 FEC/Jitter Buffer/QoS 策略，可以在 70%丢包的情况下正常通话。

- 清晰度：加持各种视频画面增强算法，全面提升清晰度，使用最低的带宽实现最优的音视频效果；语音智能降噪，自动增益，消除回声，打造无损音质等。
- 低成本：实现音视频通信，在平台硬件方面，需要在音视频算法与传输方面狠下功夫，用于实现低成本运行。

(1.4) 本章总结

　　本章为本书开篇，讲解了音视频技术的发展历程、应用场景与应用需要，为本书对 Unity 音视频通信技术的讲解奠定了基础，现阶段音视频通信技术在 Unity 上的实现还是很有应用价值的。

　　其实音视频通信在网络上是有很多开源方案的，但具有平台多、实现配置复杂、要考虑兼容性等问题，使开发者非常苦恼，本书主要为有这些需求的开发者提供了一套先进、易用、详细的实现方案。

第2章　Unity 软件基础

2.1　引言

    Unity 是一款 2D/3D 跨平台开发的引擎，发布于 2005 年。其所在公司是大卫・赫尔加森、尼古拉斯・弗朗西斯和约阿希姆・安特于 2004 年在美国创办的。Unity 的 Logo 如图 2-1 所示。

图 2-1

    Unity 经过多个版本的更迭，功能与稳定性日趋完善，使用起来更加方便、快捷。起初，Unity 主要用于进行游戏引擎的研发，由于其出色的跨平台能力与优秀的 3D 渲染效果，Unity 逐渐被广大开发商及开发者信任，从而逐渐进入多个领域，如 XR、汽车与制造、电影与动画、建筑等，并且大放光彩。

    本章先介绍 Unity 的基础知识和版本，再通过图文讲解 Unity 软件的相关知识。本章是 Unity 入门章节，有 Unity 软件使用经验的开发者可以跳过本章，继续阅读后续章节。

2.2　软件介绍

2.2.1　简介

    Unity 是一款商业游戏引擎，目前分个人版、加强版与专业版。个人版是完全免费的，可以使用引擎的核心基础功能，适用于初学者、学生及小型开发公司。加强版与专业版是收费的，功能及服务更加全面。

    Unity 是一款跨平台开发的软件，不仅可以在 Mac OS 与 Windows 操作系统上开发，还可以发布到多种平台上，可以呈现无限可能，号称"一次构建，全局部署"，覆盖逾 25 个领先平台和技术上的大规模受众，并且在不断增加。可以在 Unity 官网查看其支持的所有平台，如图 2-2 所示。

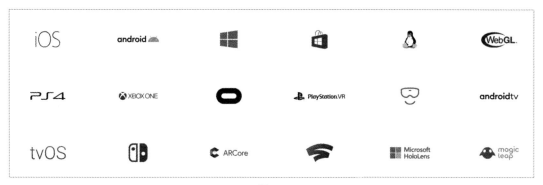

图 2-2

2.2.2　Unity 版本

在编写本书时，Unity 中国官网可以下载的版本有 Unity 3.X、Unity 4.X、Unity 5.X、Unity 2017.X、Unity 2018.X、Unity 2019.X、Unity 2020.X、Unity 2021.X、Unity 2022.X，其中，最新版本为 Unity 2022.X，LTS（长期支持）版本有 Unity 2021.3、Unity 2020.X、Unity 2019.X、Unity 2018.X、Unity 2017.X。在 Unity Hub 上可以下载 Unity 2022.X，但目前为内测版本，不建议作为生产工具使用。

对于入门开发者，推荐下载并使用 Unity LTS 版本作为生产使用版本，在功能及稳定性方面会好一些。

目前安装 Unity 的方法有以下两种。

- 通过官网直接下载自己想要的版本进行离线安装。
- 通过官网下载 Unity Hub 进行安装。

推荐开发者使用第二种方法安装 Unity，即通过 Unity Hub 安装。Unity Hub 可以十分便捷地让开发者对 Unity 进行多版本管理。下面详细介绍 Unity Hub。

2.2.3　Unity Hub 简介

Unity Hub 是 Unity 为了统一管理 Unity 版本与 3D 项目而推出的轻量桌面软件，可以满足开发者的多版本共存需求。

Unity Hub 主界面如图 2-3 所示。

①：使用 Unity Hub 需要注册用户，在登录后，会在此处显示注册时的用户名，该下拉菜单中的命令可以对账号进行设置、管理许可证等。

②：技术支持与偏好设置。在偏好设置中可以设置项目默认位置、Unity 新版本默认安装位置、外观设置、许可证管理等。

③：从左向右依次如下。

- 打开：添加已有的 Unity 项目，可以是磁盘项目，也可以是远程项目。
- 新项目：新建 Unity 项目，将在后面详细讲解。

④：Unity Hub 主菜单，简单介绍如下。

- 项目：建立的所有 Unity 项目，在"项目"页面中可以创建新项目、管理现有项目、在 Unity 编辑器中打开项目。

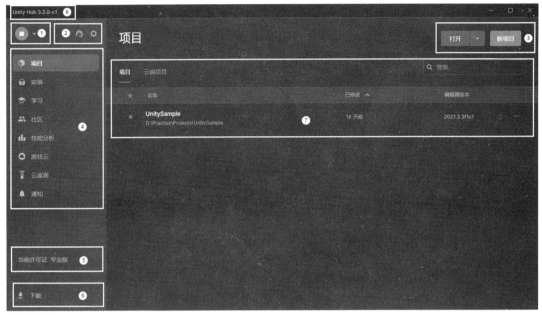

图 2-3

- 安装：Unity Hub 的基础功能，可以安装并管理 Unity 的多个版本，如果计算机上已经安装了 Unity 版本，则单击"选择位置"按钮，选择版本，否则直接单击"安装编辑器"按钮，安装新版本，如图 2-4 所示。在选择好自己想要的版本后，单击"安装"按钮，用于为选择的版本添加模块，如果不确定需要什么模块，则可以让 Unity Hub 自动完成安装，如图 2-5 所示。

图 2-4

- 学习：提供免费和按需学习内容，包括针对不同游戏类型的教程和预制项目，因此可以在此基础上构建预制项目，并且自定义资产和游戏对象（物体）的行为。
- 社区：提供多种与其他 Unity 用户交互的方式。还可以使用链接的站点与 Unity 工作人员进行交流、提供反馈或获得帮助。
- 性能分析：Unity 性能分析解决方案（UPR）。
- 游戏云：在线游戏服务、多人联网服务、开发者服务等。
- 云桌面：可以实现远程连接与远程协助。
- 通知：社区通知与系统通知。

图 2-5

⑤：使用或安装 Unity，需要选择授权许可证，可以在"偏好设置"页面的"许可证"选项卡中获取。如果第一次使用 Unity Hub，则需要根据自己的实际情况选择许可证版本，获取免费的个人版许可证，此处假设读者为非专业身份，如果需要使用加强版或专业版许可证，则可以单击"Unity 加强版或专业版"按钮并输入序列号，然后会在此处显示相应的授权信息，如图 2-6 所示。

图 2-6

⑥：在有下载任务时，此处会有下载任务列表，单击可以展开该列表。

⑦：此处为建立的项目列表，在 Unity 版本与目标平台列表位置有下拉选项，用于更改所需的版本与目标平台，"云端项目"选项卡中会展示 Unity 新一代版本控制体系 PlasticSCM 的项目列表。

⑧：此处显示 Unity Hub 版本，笔者目前使用的版本为 Unity Hub 3.2.0-c1。

至此，Unity Hub 的基础功能已经大致介绍完毕，下一节介绍 Unity 2021 版本的界面。

2.3　界面介绍

工欲善其事，必先利其器，我们先介绍 Unity 软件的主界面，如图 2-7 所示，再逐步深入讲解各个功能。建议开发者使用 Unity 原生英文版本，因为中文版本对某些控件的翻译不是很贴合实意。

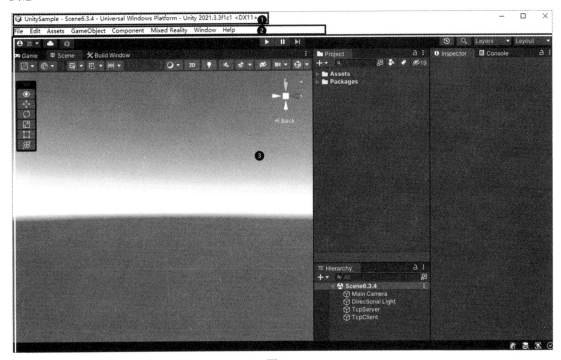

图 2-7

Unity 软件主界面中的标注如下。

①：标题栏，包括 Unity 软件的版本、项目名称、场景名称等信息。

②：菜单栏，包括 Unity 软件的主菜单。

③：工作区，即主要的操作区域。

2.3.1　菜单栏

菜单栏中的菜单项包括 File（文件）、Edit（编辑）、Assets（资源）、GameObject（物体）、Component（组件）、Window（窗口）、Help（帮助）等，下面分别介绍其主要功能。

- File：主要用于新建场景、打开场景、保存场景、建立项目、打开项目、保存项目、发布设置、发布等。
- Edit：主要用于进行物体操作、项目设置、引用设置、快捷键设置等。
- Assets：与 Project 窗口的右键菜单相同，主要用于操作 Project 窗口中的资源。
- GameObject：包含 Hierarchy 窗口右键菜单中的部分功能及视野操作等。
- Component：包含 Unity 中的组件信息。

- Window：包含多种功能的窗口，如动画窗口、游戏窗口、包管理窗口等。
- Help：包含关于 Unity、手册、脚本、论坛等的命令。

菜单栏中可能会出现其他菜单项，这是由当前项目所引用的插件或脚本生成的。可以使用脚本添加菜单项，用于提高开发效率。

2.3.2　导航栏

如图 2-8 所示，导航栏左边的 6 个按钮分别为查看工具、移动工具、旋转工具、缩放工具、矩形工具、变换组件工具，对应的快捷键分别为 Q、W、E、R、T、Y；右边 5 个下拉按钮的功能分别为切换工具手柄位置、切换工具手柄旋转、切换网格的可见性、打开或关闭网格吸附（在将工具手柄旋转设置为"全局"时可用）、捕捉增量。

图 2-8

如图 2-9 所示，这 3 个按钮的功能分别为运行游戏、暂停游戏、逐帧播放游戏。在暂停游戏后再次运行游戏，游戏会被暂停到第一帧。运行游戏的快捷键为 Ctrl + P 组合键。

图 2-9

如图 2-10 所示，各个按钮的功能如下。

图 2-10

- 逆时针圆圈图标（Undo History）：历史回退操作。
- 放大镜图标：Unity 综合搜索功能。
- Layers：可以显示层下拉列表，用于设置是否显示层，眼睛上有划线的为不可见层，如
  图 2-11 所示。

图 2-11

- Layout：编辑器布局方式下拉列表。Unity 提供了 5 种默认的布局方式，可以根据自己的
  喜好进行调整，在调整后保存布局即可，也可以对布局进行管理，如图 2-12 所示。

图 2-12

2.3.3 工作区

Unity 的工作区支持多种排版模式，每个窗口都可以随意拖动，并且 Unity 带有吸附效果，可以更加方便、舒适地进行开发，甚至可以将每个窗口单独拖动出软件主界面，非常适合多屏开发。

Unity 常用的 5 个窗口如下。

- Project 窗口。
- Hierarchy 窗口。
- Inspector 窗口。
- Scene 窗口。
- Game 窗口。

 窗口介绍

2.4.1 Project 窗口

Project 窗口是 Unity 项目资源的集合窗口，引擎用到的所有资源都存放在这里，这些资源可以是贴图资源、视频资源、声音资源、模型资源、动画资源等，也可以是通过右键菜单创建的类型文件（如场景、脚本、着色器、材质、精灵、遮罩、物理材质、时间线、动画控制器等创建游戏项目必不可少的类型文件）。在 Project 窗口中检索是在应用程序中查找资源及其他项目文件的主要方法。在默认情况下，当启动一个新项目时，会打开该窗口。如果找不到该窗口或该窗口已关闭，则可以通过在菜单栏中执行 Window→General→Project 命令或按 Ctrl + 9 组合键将其打开，如图 2-13 所示。

图 2-13

在打开 Project 窗口后，可以看到一个资源文件目录树，即项目用到的文件，善于分好层级并归类可以让开发更快速、有效。

如果项目够大，那么目录下有几千甚至上万数量级的文件是很正常的。但是文件多了，重名率高等问题也浮现出来了，适当、合理地使用搜索功能比逐个查找文件的效率要高。下面简单介绍一下搜索功能，顶部的搜索框可以使用字符进行模糊搜索，搜索框右侧的第一个按钮为按资源类型筛选按钮，第二个按钮为按搜索资源标签筛选按钮，如图 2-14 所示。

图 2-14

顶部左侧第一个加号按钮为创建按钮，单击此按钮会弹出一个下拉菜单，用于创建所需的内建资源文件，如图 2-15 所示。

图 2-15

在 Project 窗口中的任意位置右击，在弹出的快捷菜单中选择 Create 命令，弹出的快捷菜单与加号按钮的下拉菜单是相同的。但 Create 菜单具有更多功能。其中，Import Package 命令主要用于导入 Unity 包。Unity 包可以方便开发者使用最小功能，并且保留模块之间的关联，而不必打包整个项目。Export Package 命令主要用于导出 Unity 包。当导出的 Unity 包有依赖关系时，Unity 会自动将依赖添加到资源文件中，单击 Export...按钮，即可导出 Unity 包，如图 2-16 所示。

图 2-16

2.4.2 Hierarchy 窗口

以 ".unity" 为后缀的文件是场景文件。在 Project 窗口中打开场景文件，该文件中的内容会显示在 Hierarchy 窗口中，如图 2-17 所示。

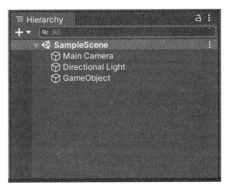

图 2-17

在 Hierarchy 窗口中，列表中的内容都是物体，部分物体可以从 Project 窗口中拖入，如 Prefab 资源（预制体，将 Hierarchy 窗口中的部分物体存储为文件，以便复用）。也可以在空白处右击，或者单击左上角的加号按钮，在弹出的快捷菜单中选择要添加的物体，如 2D 物体、3D 物体、摄像机、UI、视频管理、音频管理、光、特效等，如图 2-18 所示，这些物体都是由基础的 GameObject

物体加上对应的脚本或组件组装而成的。例如，摄像机可以新建一个 GameObject 空物体，然后给其添加 Camera 组件，但是一般现有的物体可以通过快捷菜单创建，以便节省时间。每个物体都可以添加多个组件，可以灵活地进行控制。

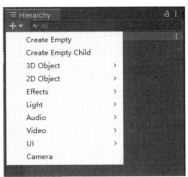
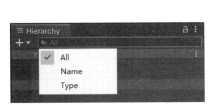

图 2-18

Hierarchy 窗口的搜索功能相对比较简单，单击搜索框左侧的放大镜按钮，在弹出的下拉列表中选择搜索类型，一般不做更改，默认搜索全部类型。在搜索框内输入字符，可以对物体名和组件名进行模糊搜索。

一定要按照需求添加物体，否则场景中过多的无用物体会浪费内存资源与渲染算力。

2.4.3　Inspector 窗口

Inspector 窗口主要用于对所有物体及组件的参数进行设置。在 Project 窗口或 Hierarchy 窗口中单击任意一个物体，Inspector 窗口中都会展示其详细属性。在修改属性的值后，Unity 会自动将修改后的属性应用到它所属的物体，如图 2-19 所示。

Inspector 窗口的标题栏如图 2-20 所示。

图 2-19　　　　　　　　　　　　　　　　图 2-20

Inspector 窗口标题栏中的控件从左至右、自上而下分别如下。

- 立方体按钮：主要用于给物体选择一个合适的标志，在 Scene 窗口中会显示选择的标志。
- 第一个复选框：物体的激活状态。如果未勾选，那么 Scene 窗口与 Game 窗口中不会显示该物体。
- 文本框：物体的名称。与 Hierarchy 窗口中的名称一致，在修改后，Hierarchy 窗口中的物体名称也会被修改。

- 第二个复选框：主要用于设置物体是否为静态状态。静态属性包括寻路、遮挡剔除、烘焙等，如果勾选该复选框，则会启用相应的静态属性。
- Tag 下拉列表：主要用于为物体设置一个标记，可以添加自定义标记，在脚本中可以用该标记获取对应的物体。
- Layer 下拉列表：主要用于为物体设置一个唯一的层，可以在摄像机中设置在窗口中显示哪些层，不显示的层所属的物体会被隐藏，也可以设置层的单击事件不响应。

Transform 组件是物体必不可少的组件，不可以删除，也不可以禁用，包含物体的位置信息、旋转信息和缩放信息，如图 2-21 所示。

除 Transform 组件外的其他组件可以禁用和删除。如图 2-22 所示，勾选 My Script(Script) 复选框，可以启用/禁用组件；单击最右侧的 3 个小点按钮，在弹出的下拉菜单中包含可以删除组件的命令。

图 2-21　　　　　　　　　　　　　　图 2-22

单击下方的 Add Component 按钮，可以添加组件，项目中可以添加的组件都可以在弹出的下拉列表中找到，如图 2-23 所示。

图 2-23

2.4.4　Scene 窗口

Scene 窗口是 Unity 设计软件的自由视角画面，是对 Hierarchy 窗口中的物体进行位置摆放的视角画面，可以很好地呈现一个虚拟的 3D 世界，如图 2-24 所示。

Scene 窗口主要用于选择和定位景物、角色、摄像机、光源和其他类型的物体。在 Scene 窗口中选择、操作和修改物体是使用 Unity 必须掌握的技能。

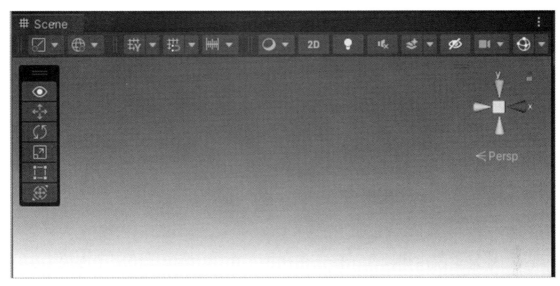

图 2-24

下面介绍 Scene 窗口中部分控件的功能。

- 小圆圈下拉按钮：可以控制 Scene 窗口中显示的画面，如 GI、渲染、Shadow、模型网格。
- 2D 按钮：可以在 2D/3D 模式中进行切换，在 2D 模式中没有 Z 轴。
- 灯泡按钮：可以控制是否给予场景光源。
- 声音按钮：声音开关，在开启后可以在非运行模式听到场景中的声音（如果有的话）。
- 云星下拉按钮：切换天空框、雾和其他效果。
- 眼睛按钮：场景可见性开关，可以开启和关闭物体的场景可见性，在开启后，Unity 即可设置应用场景的可见性；在关闭后，Unity 会忽略这些设置。此开关还可以显示场景中隐藏的物体数量。
- 摄像机下拉按钮：摄像机设置菜单，包含用于配置 Scene 窗口中摄像机的选项。
- Gizmos 下拉按钮：Gizmos 菜单，包含用于控制物体、图标和辅助图标的显示方式的选项。此菜单在 Scene 窗口和 Game 窗口中均可用。
- 红蓝绿场景视图辅助图标（Scene Gizmo）：可以通过单击切换摄像机的朝向，如果手动调节，那么摄像机坐标系控制器会跟随旋转。Persp 与 ISO 主要用于切换摄像机的正交视图与透视视图。

2.4.5 Game 窗口

Game 窗口中的内容是 Scene 窗口中的物体用主摄像机渲染的画面，有时项目中会有多个摄像机，Unity 会根据摄像机设置的渲染深度决定渲染的先后顺序，如图 2-25 所示。

下面介绍 Game 窗口中控件的功能。

Game：确认是以默认窗口显示，还是以模拟器窗口显示。

Display：根据摄像机设置的 Display 层决定这里显示的是哪个层。

Aspect：可以选择不同的值，用于测试游戏在具有不同宽高比的显示器上的显示效果。在默认情况下，此设置为 Free Aspect。

Scale：主要用于对 Game 窗口进行缩放。

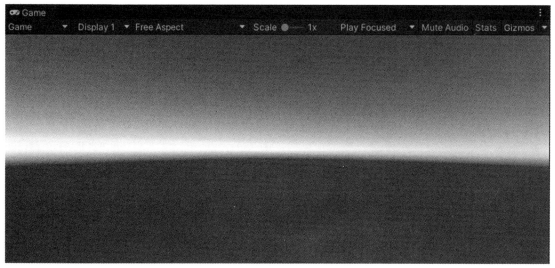

图 2-25

Play Focused：在软件中全屏运行游戏。

Mute Audio：声音开关。

Stats：游戏的性能面板。

Gizmos：主要用于显示 Scene 窗口中的 Gizmos，不建议开启。

 ## 2.5　项目创建

2.5.1　创建新项目

可以使用 Unity Hub 创建 Unity 项目。打开 Unity Hub，单击"新项目"按钮，打开项目创建面板，或者在 Unity 软件的菜单栏中执行 File→New Project...命令，打开创建新项目面板，如图 2-26 所示。

编辑器版本：本机已经安装并导入 Unity Hub 的 Unity 版本。

模板：可以根据自己的项目类型选择 2D、3D 等模板，显示"小云朵"图标的为尚未下载的模板，可以联网进行下载。

项目名称：要创建的项目名称。

位置：项目的存储目录。

启用版本管理并同意政策条款：可以借助 Unity 的服务对项目进行托管，以便多设备、多人员开发。

在以上各项都设置完成后，单击"创建项目"按钮，即可根据相应的配置创建项目。

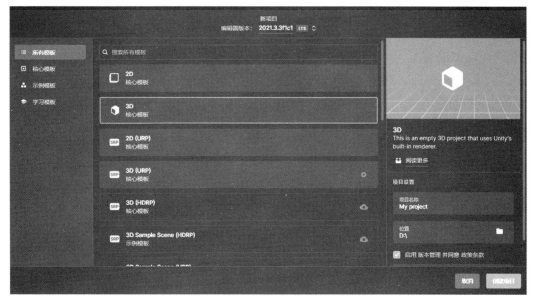

图 2-26

2.5.2　添加项目

可以使用 Unity Hub 添加已有的项目。单击"打开"按钮，如图 2-27 所示，定位到已存在的项目文件夹（包含"Assets"的文件夹），即可将该项目添加到 Unity Hub 项目列表中。

图 2-27

在添加项目后，如果项目的创建版本与当前的安装版本不吻合，则需要进行版本转换，建议进行就近转换，即转换前后的版本差别不要太大。

 # 2.6　物体、组件

2.6.1　常用的物体

在 Hierarchy 窗口中可以创建比较常用的物体，如图 2-28 所示。

- Create Empty：创建空物体。
- Create Empty Child：创建空子物体。
- 3D Object：创建 3D 物体，各子命令对应的 3D 物体如下。
  - ➤ Cube：正方体。
  - ➤ Sphere：球体。
  - ➤ Capsule：胶囊体。
  - ➤ Cylinder：圆柱体。

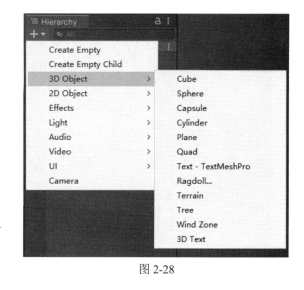

> ➤ Plane：面片。
> ➤ Quad：四方体。
> ➤ Text-TextMeshPro：带网格的文本。
> ➤ Ragdoll...：布娃娃。
> ➤ Terrain：地形。
> ➤ Tree：树。
> ➤ Wind Zone：风区。
> ➤ 3D Text：3D 文本。

- 2D Object：创建 2D 物体，包含精灵等。
- Effects：创建特效。
- Light：创建灯光，Unity 提供了多种灯光效果。
- Audio：创建音频。

图 2-28

- Video：创建视频。
- UI：创建在画布中应用的物体，包括文本、图片、按钮等。
- Camera：创建摄像机。

2.6.2　常用的组件

每个物体都可以添加多个组件，可以通过单击 Inspector 窗口中的 Add Component 按钮添加，对于脚本组件，可以从 Project 窗口中拖动脚本文件到场景中的物体上或 Inspector 窗口中的空白处添加，下面介绍几个常用的组件。

- Material：材质组件，可以设置物体的材质显示效果。
- Collider：碰撞器组件，可以为物体添加碰撞检测效果。
- Rigidbody：刚体组件，可以为物体添加重力等物理属性。
- Audio Source：音频源组件，可以为物体添加音频源，以便在场景中播放声音。
- Audio Listener：侦听器组件，可以侦听传输过来的声音。

 脚本

2.7.1　脚本创建

Unity 中的脚本文件是后缀为 ".cs" 的文本文件。Unity 选用 C#作为脚本开发语言。C#简单、易入门、为开发者降低了学习 Unity 的门槛。脚本文件允许触发游戏事件、随时间修改组件属性并以任意所需的方式响应用户输入。

要创建脚本文件，可以在 Project 窗口中的空白处右击，在弹出快捷菜单中执行 Create→C# Script 命令，也可以直接在 Inspector 窗口中执行 Add Component→New Script 命令，直接为物体创建脚本文件，如图 2-29 所示，还可以在文件管理中的 Asscts 文件夹中创建后缀为 ".cs" 的文本文件。

图 2-29

C#是微软公司创立的一门高级语言，管理和编辑脚本文件一般使用微软公司推出的编辑器 Visual Studio，目前推荐的版本为 Visual Studio 2022。Visual Studio 是功能强大的编辑器软件，如果读者有自己喜欢的编辑器，则可以在菜单栏中执行 Edit→Preferences…→External Tools→External Script Editor 命令，用于更改编辑器，如图 2-30 所示。

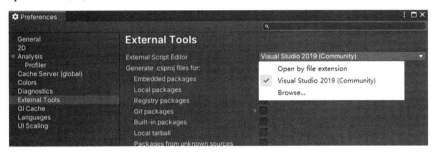

图 2-30

使用 Visual Studio 2022 打开 Unity 根据默认模板自动创建的脚本文件 MyScript.cs，代码如下：

```csharp
using UnityEngine;

public class MyScript : MonoBehaviour {

    //用于初始化
    void Start () {

    }

    //每帧都被调用
    void Update () {

    }
}
```

using…：使用命名空间。可以在其他脚本中添加命名空间，然后在这里引用。

public class：公共类，任意访问级别的类都可以访问该类。

MonoBehaviour：脚本通过实现一个派生自 MonoBehaviour 内置类的类，与 Unity 的内部工作建立联系。

Start()、Update()：Unity 内置的生命周期函数，下一节进行详细讲解。

2.7.2　生命周期

Unity 在运行脚本时，会按照预定顺序执行多个事件函数，图 2-31 所示为 Unity 是如何在脚本的生命周期内排序和重复事件函数的。

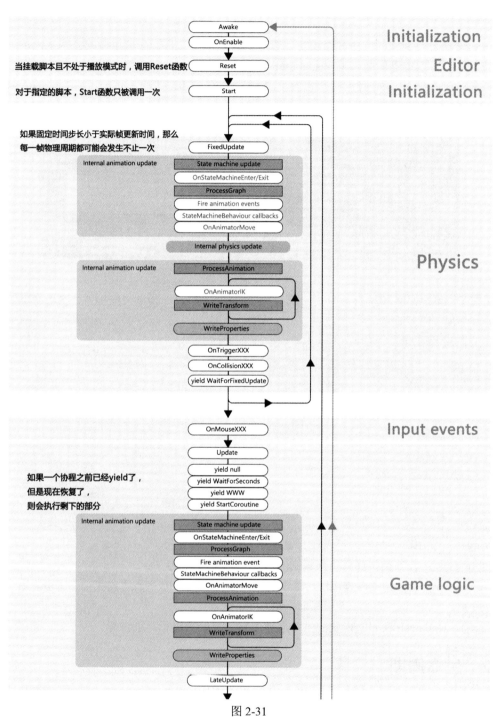

图 2-31

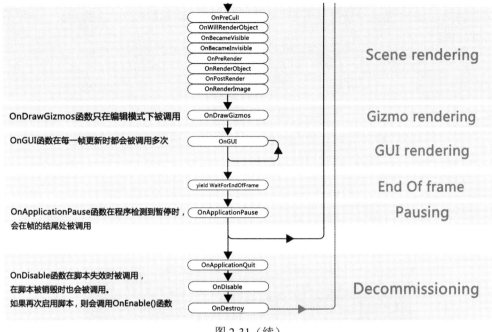

图 2-31（续）

2.7.3　变量与函数

脚本中变量的类型有多种，不同类型的变量代表的内容也不同。常见的变量类型如下。

- string：字符串类型，可以存储组装字符。
- bool：布尔类型，只有两个值，分别为 true（真）和 false（假）。
- int：整数类型。
- float：浮点数类型，可以理解为小数类型，浮点数的末尾要添加 f。
- GameObject：物体类型，可以指代场景面板中出现的任意一种元素。
- texture：普通纹理类型，可以理解为普通图片。
- sprite：UGUI 中用到的精灵图片类型。

在声明变量后，就可以为拥有脚本的物体赋值这个变量了。

与传统的程序逻辑（代码在循环中连续运行，直到完成任务）不同，在 Unity 脚本中，Unity 通过调用在其中声明的某些函数，间歇性地将控制权传递给脚本，在函数执行完毕后，控制权会传递给 Unity。这些函数称为事件函数，因为它们由 Unity 激活，用于响应游戏过程中发生的事件。Unity 使用命名方案标识为特定事件调用哪个函数，如 Update 函数（在帧更新发生之前调用）和 Start 函数（在物体的第一帧更新之前调用）。Unity 提供了多个事件函数，可以在脚本中找到 MonoBehaviour 类，查看各个事件函数的详细信息。

2.7.4　计算与赋值

在函数内部可以通过计算与赋值控制物体的状态，下面通过一个简单的示例进行讲解，此示例通过←键和→键控制物体向左和向右移动。

首先在 Hierarchy 窗口中新建一个 3D 物体，如正方体，然后建立以下脚本文件，用于给这个正方体赋值。

```
public class MyScript : MonoBehaviour
{
    public int speed = 1;

    void Update()
    {
        float distance = speed * Time.deltaTime * Input.GetAxis("Horizontal");
        transform.Translate(Vector3.right * distance);
    }
}
```

在上述脚本文件中，speed 为整数类型的变量，默认值为 1，可以在 Inspector 窗口中进行修改，如图 2-32 所示。

图 2-32

在 Update 函数中，Time.deltaTime 为每帧的增量数值；Input.GetAxis("Horizontal")主要用于获取方向键的值，如果在运行后一直按住→键，则该值为 1。transform 主要用于控制物体的位置信息，Translate 函数是用于移动物体的函数，是一个非常常用的函数。Vector3.right 为指向 X 轴方向的向量，它与 distance 相乘，并且通过 Translate 函数控制物体的水平移动。

2.8　资源包管理

2.8.1　资源包导入

在菜单栏中执行 Window→PackageManager 命令，打开包管理器主界面，可以添加、删除项目使用的资源包，如图 2-33 所示。

单击包管理器主界面左上角的加号按钮，可以添加资源包，如图 2-34 所示。

添加资源包的方式有以下 3 种。

- 从本地文件夹加载资源包。
- 从本地存储的 tarball 文件加载资源包。
- 从远程服务器中的 Git 存储库加载资源包。

Unity Registry：内置的 Unity 注册表安装列表，从这里安装包管理器会评估其他包及其依赖，查看是否有版本与所选版本冲突，如图 2-35 所示。

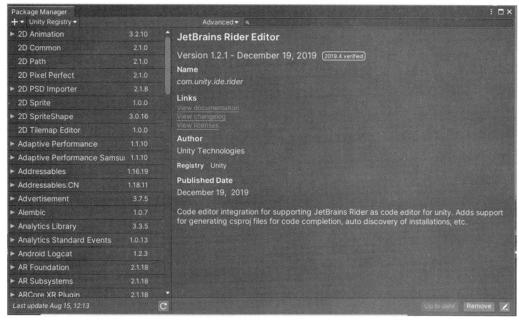

图 2-33

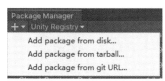

图 2-34

图 2-35

In Project：本项目安装的资源包。

My Assets：购买的资源包。

Build-in packages：内置好的资源包。

Featured packages：Unity 特色资源包。

2.8.2　资源包导出

在 Project 窗口中选中（可以多选）需要导出的资源包并右击，在弹出快捷菜单中执行 Export Package…命令，即可打开资源包导出面板，如图 2-36 所示。Unity 默认为选中的文件添加所依赖的所有文件，如果不需要，则可以取消勾选相应的复选框，在设置完毕后，单击 Export…按钮，即可导出后缀为 ".package" 的 Unity 资源包。

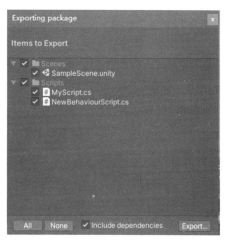

图 2-36

2.9　构建设置

在菜单栏中执行 File→Build Settings...命令，打开 Build Settings 窗口，在 Scenes In Build 列表框中勾选构建设置所需的所有场景文件，可以从 Project 窗口中拖入，也可以单击 Add Open Scenes 按钮添加当前打开的场景文件。

在 Platform 列表框中选择要发布到的平台，Unity 支持大部分主流平台，如果有平台选项是灰色的，则表示在 Unity Hub 中没有为 Unity 安装相应的模块，打开 Unity Hub 并安装相应的模块即可。

在选择发布平台后，右侧部分会显示对应发布平台的相关设置，如图 2-37 所示。在发布到 PC 平台上时，可以选择发布的架构是 X86（32 位程序）还是 X86_64（64 位程序）、是否构建服务器等。

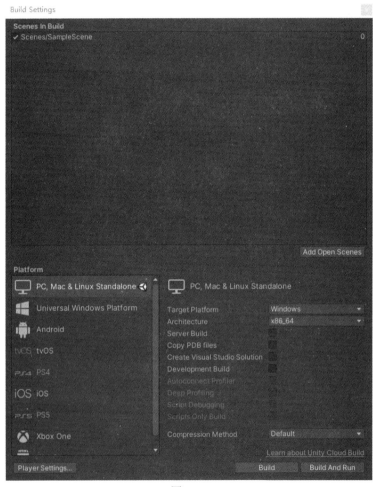

图 2-37

单击左下角 Player Settings...按钮，可以打开 Player 设置面板，针对不同的平台可以进行不同的设置，如发布软件的公司名称、产品名称、产品版本、产品图标等，如图 2-38 所示。在后续章节中会对不同的发布平台进行详细介绍。

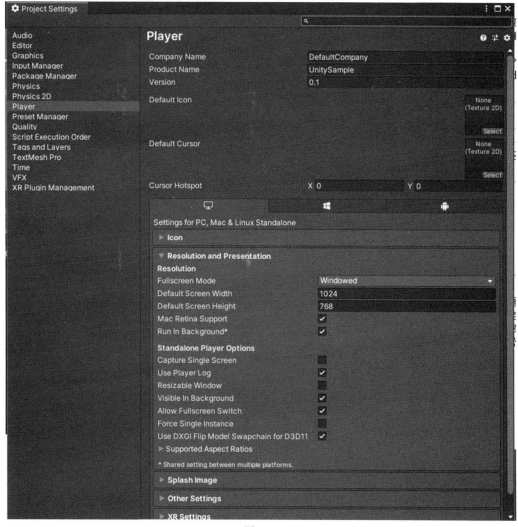

图 2-38

在设置完成后，单击 Build 按钮，可以构建项目；或者单击 Build And Run 按钮，可以构建并运行项目，相关知识将在后续章节中分平台进行详细介绍。

 2.10　本章总结

本章主要介绍了 Unity 软件的基础知识，是初级开发者的入门章节。

本章的主要内容包括软件介绍、界面介绍、窗口介绍、项目创建、常用的物体和组件、脚本认识、资源包管理和构建设置等，使读者对 Unity 软件的基础知识有一个大致的了解。如果要熟练地使用 Unity 软件，则必须多用、多练、多查阅相关资料。

本书会逐步带大家由浅入深地使用 Unity 软件进行应用程序开发，从而开发出跨平台的应用程序。

第 3 章　3D 数学与着色器基础

3.1　引言

Unity 是一款 3D（Three Dimensions，三维空间）游戏引擎，因此会涉及 3D 的相关知识。本章主要介绍基本的 3D 数学知识。

3D 数学知识被广泛地应用于使用计算机模拟 3D 世界的领域，如图形学、游戏、虚拟现实和动画等。

掌握 3D 数学知识，对开发者将来学习图形学、游戏制作有很大的帮助。

本章主要对着色器进行简单介绍，从认识着色器到使用着色器，因为最终会在项目中使用着色器。

3.2　3D 数学坐标系

3D 数学坐标系分为左手坐标系和右手坐标系，Unity3D 使用的是左手坐标系（全局坐标系），即+X、+Y、+Z 分别指向右方、上方、前方，如图 3-1 所示。

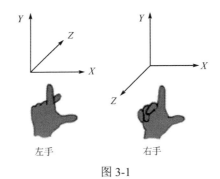

左手　　　　　　右手

图 3-1

在不同的情况下使用不同的坐标系，所以在 Unity 中有多种坐标系，包括全局坐标系、局部坐标系、屏幕坐标系、视口坐标系。

3.2.1　全局坐标系

全局坐标系主要用于描述场景内所有物体的位置，又称为世界坐标系。

Unity 中创建的物体都是根据全局坐标系中的坐标原点（0,0,0）确定各自的位置的。可以通过 transform.position 属性获取物体在全局坐标系中的坐标。

3.2.2　局部坐标系

局部坐标系又称为模型坐标系或物体坐标系。

每个物体都有独立的局部坐标系，当物体移动或改变方向时，和该物体相关联的坐标系也会随之移动或改变方向。

Mesh 模型存储的顶点坐标均为局部坐标，因此，在移动模型时，顶点坐标是不变的。

通过 transform.localPosition（本地坐标）属性可以获取物体在父物体的局部坐标系中的坐标。

在父子关系中，子物体以父物体的坐标为自身的坐标原点，如果该物体没有父物体，那么通过 transform.localPosition 属性获取的是该物体在全局坐标系中的坐标；如果该物体有父物体，那么通过 transform.localPosition 属性获取的是该物体在其父物体的局部坐标系中的坐标。

3.2.3　屏幕坐标系

屏幕坐标系是建立在屏幕上的二维坐标系，其单位是像素。在屏幕坐标系中，屏幕左下角的坐标为（0,0），屏幕右上角的坐标为（Screen.width, Screen.height），Z 轴坐标是摄像机在世界坐标系中 Z 轴坐标的负值。

鼠标位置坐标属于屏幕坐标，通过 Input.mousePosition 属性可以获取鼠标位置坐标。

手指触摸屏幕位置的坐标也属于屏幕坐标，通过 Input.GetTouch(0).position 属性可以获取单个手指触摸屏幕位置的坐标。

3.2.4　视口坐标系

视口坐标系是标准化后的屏幕坐标系。在视口坐标系中，屏幕左下角的坐标为（0,0），屏幕右上角的坐标为（1,1）。Z 轴坐标是使用摄像机的世界单位进行衡量的。

利用比例可以方便地控制点在屏幕内的位置，而不用理会屏幕实际大小的变化，通常用于进行自适应布局。

3.2.5　坐标系转换

不同坐标系之间是有关联的，有时可以通过函数或计算进行坐标系转换。

Unity API 中让物体在指定方向移动指定距离的函数如下，其中，Space 为 Self 表示使用局部坐标系进行移动，Space 为 World 表示使用全局坐标系进行移动。

```
public void Translate (Vector3 translation , Space relativeTo = Space.Self);
```

以下是一些坐标系转换的函数。

将局部坐标转换为全局坐标，代码如下：

```
Transform.TransformPoint(Vector3 position)
```

将全局坐标转换为局部坐标，代码如下：

```
Transform.InverseTransformPoint(Vector3 position)
```

将局部坐标系中的方向转换为全局坐标系中的方向，代码如下：

```
Transform.TransformDirection(Vector3 direction)
```

将全局坐标系中的方向转换为局部坐标系中的方向，代码如下：

```
Transform.InverseTransformDirection(Vector3 direction)
```

将局部坐标系中的向量转换为全局坐标系中的向量，代码如下：

```
Transform.TransformVector(Vector3 vector)
```

将全局坐标系中的向量转换为局部坐标系中的向量，代码如下：

```
Transform.InverseTransformVector(Vector3 vector)
```

将屏幕坐标转换为全局坐标，代码如下：

```
Camera.ScreenToWorldPoint(Vector3 position)
```

将全局坐标转换为屏幕坐标，代码如下：

```
Camera.WorldToScreenPoint(Vector3 position)
```

获取鼠标指针的屏幕坐标，代码如下：

```
Input.mousePosition
```

将屏幕坐标转换为视口坐标，代码如下：

```
Camera.ScreenToViewportPoint(Vector3 position)
```

将视口坐标转换为屏幕坐标，代码如下：

```
Camera.ViewportToScreenPoint(Vector3 position)
```

将全局坐标转换为视口坐标，代码如下：

```
Camera.WorldToViewportPoint(Vector3 position)
```

将视口坐标转换为全局坐标，代码如下：

```
Camera.ViewportToWorldPoint(Vector3 position)
```

 3.3　向量

3.3.1　向量介绍

在数学中，向量又称为矢量，是指具有大小和方向的量。向量的大小是指向量的长度，又称为模；向量的方向描述了空间中向量的指向。物体运动的速度、摄像机观察方向、刚体受到的力等都是向量。因此向量是物理、动画、三维图形的基础。

在数学中，在书写向量时，通常用方括号将一列数字括起来，如[1,2,3]。

在 Unity 中，通常用 x、y 表示 2D 向量的分量，用 x、y、z 表示 3D 向量的分量，如图 3-2 所示。向量中的数值表示向量在相应维度上的有向位移。

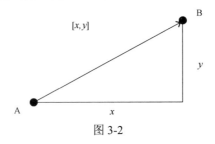

图 3-2

接下来介绍向量的运算。

加/减（+/−）：向量的加/减是指各分量分别相加/减，在物理上可以计算两个力的合力，或者几个速度分量的叠加。

数乘（×）：向量与一个标量相乘为数乘。数乘可以对向量的长度进行缩放，如果标量小于 0，

那么向量的方向会变为反方向。

点乘（•）：两个向量进行点乘可以得到一个标量，其值等于两个向量长度相乘后再乘二者夹角的余弦。

叉乘（×）：两个向量进行叉乘可以得到一个新的向量，新向量垂直于原来的两个向量，并且长度等于原来两个向量长度的积再乘夹角的正弦值，可以使用左手的拇指和食指分别表示进行叉乘的两个向量 *U* 和 *V*，中指表示叉乘向量的方向。此外，叉乘不满足交换律，即 $U×V≠V×U$。

3.3.2　Vector 类

Vector2 类主要用于定义和描述 2D 游戏内部的刚体速度、位置和向量等参数，如网格中的纹理坐标、材质中的纹理偏移。

- Vector2.one 是 Vector2(1, 1)的简写。
- Vector2.right 是 Vector2(1, 0)的简写。
- Vector2.up 是 Vector2(0, 1)的简写。
- Vector2.zero 是 Vector2(0, 0)的简写。

Vector3 类主要用于表示在单击屏幕后，在将物体转化为 3D 坐标时的位置描述、物体之间的相对距离、偏移量的变量类型等。

Vector3.forward 是 Vector3(0, 0, 1)的简写，也就是指向 *Z* 轴正方向。

Vector3.right 是 Vector3(1, 0, 0)的简写，也就是指向 *X* 轴正方向。

Vector3.up 是 Vector3(0, 1, 0)的简定，也就是指向 *Y* 轴正方向。

Vector3.zero 是 Vector3(0, 0, 0)的简写。

Vector3.one 是 Vector3(1, 1, 1)的简写。

Vector4 为四维向量，如网格切线、着色器参数等，在其他情况下，通常使用 Vector3。

③.4 着色器基础

着色器（Shader）是将贴图加工成材质的工具。如果一个物体需要有一些特殊的视觉效果，则需要为其赋予材质（Material），材质在大部分情况下是要有贴图（Texture）的，着色器（Shader）可以对贴图进行处理，使其被加工成最终符合要求的材质。与做菜进行类比，贴图就是食材，着色器就是菜谱，材质就是做出来的菜。

着色器可以通过代码模拟物体表面在微观等级上发生的事情，使眼睛看到的最终图像很真实。也就是说，着色器是运行在 GPU 上的一段代码。

根据不同的作用，将着色器分为以下几类。

- 顶点着色器（Vertex Shader）：在每个顶点上执行的着色器。
- 片元着色器（Fragment Shader）：在每个最终图像中可能出现的像素上的着色器。
- 无光照着色器（Unlit Shader）：将顶点着色器和片元着色器放在一个文件内。
- 表面着色器（Surface Shader）：包含顶点着色器和片元着色器的功能。
- 图像特效着色器（Image-Effect Shader）：主要用于实现屏幕特效，如抗锯齿、环境光遮蔽、模糊、溢光等。

- 计算着色器（Compute Shader）：用于进行计算操作的着色器，主要用于实现物理模拟、图像处理、光线追踪等功能。

下面重点介绍一下常用的两个着色器：表面着色器和计算着色器。

3.4.1　认识表面着色器

表面着色器是顶点着色器与片元着色器的上一层抽象，面对的是编写着色器的程序员，它将着色器抽象成 3 个方面：表面着色器、光照模型和光照着色器，方便理解和编写。

在编写完表面着色器后，Unity 会根据编写的代码自动生成顶点着色器与片元着色器并执行。

在 Project 窗口中的空白处右击，在弹出的快捷菜单中执行 Create→Shader→Standard Surface Shader 命令，如图 3-3 所示，即可创建表面着色器。表面着色器文件的后缀为 ".shader"。

图 3-3

创建一个表面着色器并将其命名为 MySurfaceShader，单击 MySurfaceShader 文件，在 Inspector 窗口中会显示如图 3-4 所示的信息。

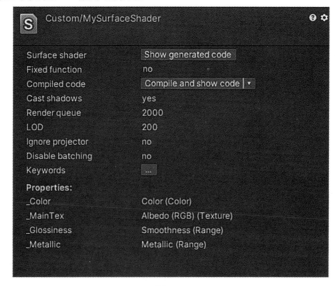

图 3-4

单击 Surface shader 右面的 Show generated code 按钮，可以显示 Unity 生成的完整着色器代码，单击 Compiled code 右面的 Compile and show code 按钮，可以显示 Unity 将表面着色器转换为顶点着色器与片元着色器的代码，Unity 最终执行的是顶点着色器与片元着色器的代码。

Properties 下面的内容为表面着色器中定义的属性名称与类型。

使用 Unity 默认模板创建的表面着色器文件中的代码如下。为了便于理解，编者加入了一些注释。

```
//Shader 路径
Shader "Custom/MySurfaceShader"
{
    //属性
    Properties
    {
        //颜色值
        _Color ("Color", Color) = (1,1,1,1)
        //主纹理
        _MainTex ("Albedo (RGB)", 2D) = "white" {}
        //计算高光的光泽度
        _Glossiness ("Smoothness", Range(0,1)) = 0.5
        //计算材质的金属光泽
        _Metallic ("Metallic", Range(0,1)) = 0.0
    }
    //着色器方案，每个 Shader 至少有一个 SubShader，GPU 会选择支持的 SubShader 执行
    SubShader
    {
        //加入透明渲染处理
        Tags { "RenderType"="Opaque" }
        //层级细节
        LOD 200
        //CG 程序开始
        CGPROGRAM
        //基于物理的标准照明模型，并且在所有灯光类型上启用阴影功能
        #pragma surface surf Standard fullforwardshadows

        //将着色器模型 3.0 作为目标模型，以便获得更好的照明效果
        #pragma target 3.0

        //属性中值的引用
        sampler2D _MainTex;
        //定义结构体
        struct Input
        {
            float2 uv_MainTex;
        };

        half _Glossiness;
        half _Metallic;
        fixed4 _Color;

        //添加对该着色器的实例化支持。需要在使用着色器的材质上勾选"启用实例化"复选框。
        UNITY_INSTANCING_BUFFER_START(Props)
        //在此处放置更多 per-instance 属性
        UNITY_INSTANCING_BUFFER_END(Props)
```

```
//顶点处理函数
void surf (Input IN, inout SurfaceOutputStandard o)
{
    //来自颜色着色的纹理反照率
    fixed4 c = tex2D (_MainTex, IN.uv_MainTex) * _Color;
    o.Albedo = c.rgb;
    //来自滑块变量的金属感和平滑度
    o.Metallic = _Metallic;
    o.Smoothness = _Glossiness;
    o.Alpha = c.a;
}
//CG 程序结束
ENDCG
}

//如果不能使用某种特性，则会回滚到 Diffuse（漫射）
FallBack "Diffuse"
}
```

在上述代码中，整体的包裹结构不能改变，最外层为 Shader，内部包裹块包括 Properties、SubShader（可以有多个）、FallBack。

Properties（属性）块为对外暴露属性，主要用于提供输入交互数据接口，可以在脚本中使用 Unity API 对属性值进行修改。

SubShader（子着色器）块为主要功能块，可以有多个。计算机会按照从上到下的顺序执行 SubShader 块，如果设备不支持某个 SubShader 块，那么计算机会跳过该 SubShader 块，继续执行下一个 SubShader 块。SubShader 块中的 CG 程序结构是固定的，都是以 CGPROGRAM...ENDCG 结构组成的。

FallBack（回退）块主要用于进行分配回退，如果找不到兼容的 SubShader，则使用指定的 Shader 对象。

第一行代码如下：

```
Shader "Custom/MySurfaceShader"
```

上述代码主要用于定义具有指定名称的 Shader 对象。在选择材质的 Shader 时，会根据指定名称中的斜线划分目录，如图 3-5 和图 3-6 所示。

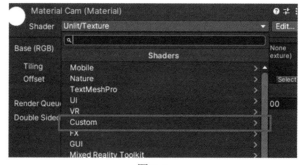

图 3-5

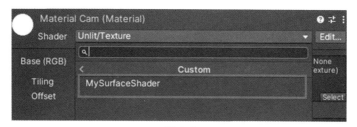

图 3-6

在上述表面着色器文件中设置的属性，前面带下画线的为变量名称，括号内第一个参数引号引起来的参数为属性名称，属性名称会显示在 Inspector 窗口中；第二个参数为变量类型。以下代码中的 Color 为颜色类型，表示可以设置输入颜色值，用于供 Shader 计算使用。其他变量类型包括 2D、Range 等，其中 2D 表示 2D 纹理类型，Range 表示数值范围。

```
_Color ("Color", Color) = (1,1,1,1)
```

上述表面着色器文件中定义的 4 个属性会显示在属性面板中，如图 3-7 所示。

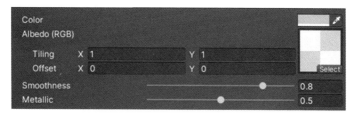

图 3-7

3.4.2　表面着色器的应用示例

本节主要实现一个表面着色器的应用示例：使用兰伯特光照模型处理法线贴图的表面着色器。

在 Project 窗口中的 Materials 目录下创建一个表面着色器文件，将其命名为 SurfaceShaderDemo1，该文件中的代码如下：

```
//Shader 路径
Shader "Custom/SurfaceShaderDemo1"
{
    Properties
    {
        _Color("Main Color", Color) = (1, 1, 1, 1)
        _MainTex("Main Tex", 2D) = "white" {}
        //用作模型的法线贴图，默认将其设置为没用任何凹凸效果的"bump"，不要将其设置成"white"
        _BumpMap("Bump Map", 2D) = "bump" {}
    }

    //在表面着色器中，Unity 会根据下面的代码自动生成各种 Pass，并且将其提供给 GPU 使用
    SubShader
    {
        Tags { "RenderType" = "Opaque" }
        LOD 300

        CGPROGRAM
        //使用 surf 函数作为表面着色器的输入/输出函数，使用 Lambert 光照模型
```

```
    #pragma surface surf Lambert

    #pragma target 3.0

    //声明 Properties 中的属性，以便在 surf 函数中调用
    sampler2D _MainTex;
    sampler2D _BumpMap;
    fixed4 _Color;

    struct Input
    {
        //获取图片 UV 坐标的固定格式是在图片名称前添加"uv_"
        float2 uv_MainTex;
        float2 uv_BumpMap;
    };

    void surf(Input IN, inout SurfaceOutput o)
    {
        //使用 tex2D 函数对_MainTex 的 uv_MainTex 坐标进行采样，用于获取颜色值
        fixed4 tex = tex2D(_MainTex, IN.uv_MainTex);
        //采样值与_Color 混合输出到 Unity 预置的输出结构 SurfaceOutput 的 Albedo 中
        o.Albedo = tex.rgb * _Color.rgb;
        //透明度操控是没有作用的，因为是不透明物体
        o.Alpha = tex.a * _Color.a;
        //首先使用 tex2D 函数对_BumpMap 的 uv_BumpMap 坐标进行采样，用于获取颜色值；
        //然后使用 UnpackNormal 函数将获取的颜色值转换成法线值；
        //最后将其输出到 Normal 中
        o.Normal = UnpackNormal(tex2D(_BumpMap, IN.uv_BumpMap));
    }

    ENDCG
    }

    FallBack "Legacy Shaders/Diffuse"
}
```

在上述代码中，变量_MainTex 与_BumpMap 虽然都是 2D 类型的变量，但它们的实际用途不同，_MainTex 变量主要用于选择普通贴图，_BumpMap 变量主要用于选择法线贴图，所以在给_BumpMap 赋值时，默认将其设置为"bump"，不要将其设置为"white"。

在着色器创建完成后，在 Materials 目录下创建一个材质，并且将其命名为 MaterialDemo1。使材质使用指定着色器的方法有以下两种。

- 直接在 Project 窗口中将着色器文件拖动到材质文件上，材质会自动使用该着色器。
- 单击材质，在 Inspector 窗口中根据着色器代码第一行定义的 Shader 路径寻找并选择着色器。在设置完成后，Inspector 窗口中会显示相应的属性设置，如颜色设置、贴图设置、法线贴图设置等，如图 3-8 所示。

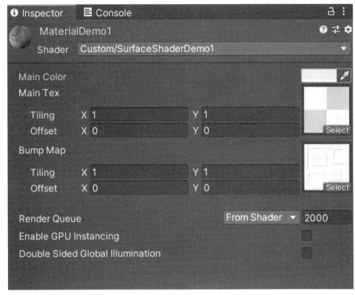

图 3-8

在材质设置完成后，在 Hierarchy 窗口中创建一个正方体，并且使该正方体使用 MaterialDemo1 材质，如图 3-9 所示。

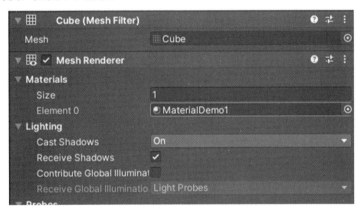

图 3-9

使正方体使用 MaterialDemo1 材质的方法有以下两种。

- 直接从 Project 窗口中将 MaterialDemo1 材质拖动到 Hierarchy 窗口的正方体上或 Scene 窗口中的正方体上。
- 单击 Hierarchy 窗口中的正方体，在 Inspector 窗口中会显示 Mesh Renderer 组件，这是一个网格显示组件，也是不可缺少的组件，该组件中的 Materials 属性即材质属性，将 MaterialDemo1 材质拖动到第一个材质设置栏，或者单击材质选择按钮，选择 MaterialDemo1 材质。

如图 3-10 所示，左侧为正方体使用默认材质的显示效果，右侧为正方体将编写的表面着色器赋值给材质并设置相关属性后的显示效果。

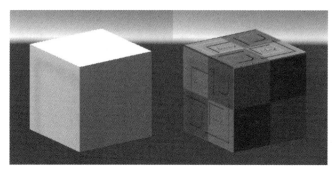

图 3-10

3.4.3　计算着色器

计算着色器和其他着色器一样，是运行在 GPU 上的。虽然计算着色器称为着色器，但是它是独立于渲染管线之外的。渲染管线中并没有计算着色器，所以它不是运行在渲染管线中的，而是运行在计算管线中的。计算管线非常简单，只有一个计算着色器。计算着色器主要用于进行计算，并且计算结果不会被输出到屏幕上。

可以使用计算着色器进行大量且并行的 GPU 计算，从而加速游戏。

简而言之，如果有大量的并行计算交给 CPU 处理，那么即使使用多线程，也很费时间，但是如果使用计算着色器进行 GPU 计算，就会快很多。

计算着色器适用的平台如下。

- Windows 平台和 Windows 应用商店，使用 DirectX 11 或 DirectX 12 图形 API 和 Shader Model 5.0 GPU。
- macOS 和 iOS，使用 Metal 图形 API。
- Android、Linux 和 Windows 平台，使用 Vulkan API。
- 现代 OpenGL 平台（Linux 操作系统中或 Windows 操作系统中的 OpenGL 4.3；Android 操作系统中的 OpenGL ES 3.1）。需要注意的是，Mac OS X 不支持 OpenGL 4.3。
- Modern Consoles。

在 Project 窗口中的空白处右击，在弹出的快捷菜单中执行 Create→Shader→Compute Shader 命令，如图 3-11 所示，即可创建一个计算着色器，计算着色器文件的后缀为 ".compute"，语言风格为 HLSL（高级着色语言）。HLSL 是微软为 DirectX 开发的一门编程语言，读者可以到微软官方网站了解其规范用法。

图 3-11

　　使用 Unity 默认模板创建的计算着色器文件中的代码如下。为了便于理解，编者加入了一些注释。

```
//每个内核都可以告诉我们编译哪个函数，可以有多个内核
#pragma kernel CSMain

//创建一个可读/写返回值的贴图
RWTexture2D<float4> Result;

//定义内核线程
[numthreads(8,8,1)]
//CSMain 函数为自定义的入口函数，其中包含一些用于添加系统语义标签的参数
//分别为 SV_GroupThreadID(int3)、SV_GroupIndex(int)、SV_GroupID(int3)、
//SV_DispatchThreadID(int3)，SV_DispatchThreadID 是当前线程在所有分发线程组中的 ID
void CSMain (uint3 id : SV_DispatchThreadID)
{
    //要处理的内容
    Result[id.xy] = float4(id.x & id.y, (id.x & 15)/15.0, (id.y & 15)/15.0, 0.0);
}
```

　　对比可知，计算着色器的结构比表面着色器的结构简单。

　　在第一行代码中，#pragma kernel 指令定义的是计算着色器的核心函数。如果需要定义多个函数，则可以在下面添加多行。需要注意的是，#pragma kernel 指令的末尾不要加分号。

　　在使用多个#pragma kernel 指令时，在#pragma kernel 指令的同一行上不允许使用 "// text" 样式的注释，否则会导致编译错误。

　　可选择性地在#pragma kernel 指令后面添加要在编译该内核函数时定义的多个预处理器宏，示例代码如下：

```
# pragma kernel KernelOne SOME_DEFINE DEFINE_WITH_VALUE=1337
# pragma kernel KernelTwo OTHER_DEFINE
//...
```

　　在第二行代码中，Result 是定义的变量，它不需要像其他着色器一样使用属性块包裹，直接定义即可。但是这里定义的变量是可以与脚本互相传值的，可以从脚本中将值传递到计算着色器中，也可以从计算着色器中将值返回到脚本中。

　　数据类型包括浮点类型、整数类型、布尔类型、矩阵类型、纹理类型和采样器类型等。

　　浮点类型有几种变体：float（高精度）、half（中等精度）、fixed（低精度）及它们的矢量和矩阵变体，如 **half2**、**half3**、**half4** 和 **float4x4**。由于这些数据类型的精度不同，因此性能或功耗也不同。

　　HLSL 具有根据基本类型创建的内置矢量和矩阵类型。例如，**float3** 是一个 3D 矢量，具有分量.x、.y 和.z；而 **half4** 是一个中等精度 4D 矢量，具有分量.x、.y、.z 和.w。可以使用分量.r、.g、.b 和.a 给矢量编制索引，这在处理颜色时很有用。

　　采样器类型包括 sampler2D、samplerCUBE 等，如果平台支持，则可以将它们定义为半精度类型，如 sampler2D_half、samplerCUBE_half 等。

　　纹理类型包括 Texture2D（普通 2D 纹理）、RWTexture2D（可读/写纹理）等。

　　下面介绍函数的定义方法，中括号中包裹的代码[numthreads(x,y,z)]是必须要有的，那么 numthreads 是一个什么概念呢？参数中的 SV_GroupThreadID、SV_GroupIndex 等是什么意思呢？

官方定义的 numthreads 为在调度计算着色器时要在单个线程组中执行的线程数目。

x、y 和 z 值主要用于表示线程组在特定方向的大小，x×y×z 的值主要用于表示线程组中的线程数。跨三个维度指定的线程组允许以逻辑二维或三维数据结构的方式访问单个线程。计算着色器通常用于处理图片，从浅层次上讲，要使 ThreadGroupsX×numthreads.x= 图片宽，ThreadGroupsY×numthreads.y=图片高，ThreadGroupsZ 的值通常为 1。在 Shader Model 5 平台上，numthreads.x×numthreads.y×numthreads.z<=1 024，numthreads.z<=64；在 Shader Model 4.5 平台上，numthreads.x×numthreads.y×numthreads.z<=768，numthreads.z<=1；更低版本的 Shader Model 不支持计算着色器。需要注意的是，由于架构问题，因此一个线程组中有几个线程需要结合硬件进行判断，NVIDIA 架构中最好有 32 的倍数个线程，AMD 架构中最好有 64 的倍数个线程。例如，如果计算着色器正在执行 4×4 的矩阵加法，则可以将 numthreads 设置为 numthreads(4,4,1)，而单个线程中的索引会自动匹配矩阵条目。计算着色器还可以使用 numthreads(16,1,1)声明具有相同数量（16）线程的线程组，但这样必须根据当前的线程号计算当前的矩阵条目。

下面看一下微软文档中的一个图，如图 3-12 所示。

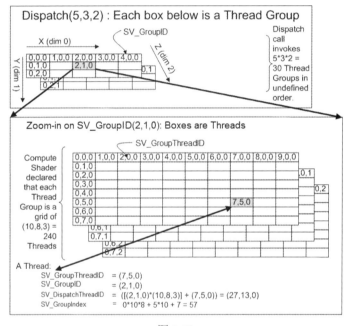

图 3-12

threadGroupsX、threadGroupsY、threadGroupsZ 代表要开的线程组数量，每个线程组中有多少个线程是由 numthreads 的参数决定的。如果在 Dispatch 时开了 128×128×1 个线程组，每个线程组中都有 8×8×1 个线程，128×8=1 024，那么这里用的图片的长和宽都是 1 024，也就是说，每个线程都在处理图片中的某个像素。void CSMain(uint3 id:SV_DispatchThreadID)中的 id 是指每个线程的 index。如果将 numthreads 设置为[numthreads(64,4,1)]，那么可以将 Dispatch 设置为 Dispatch(kernel, inputTex.width/64, inputTex.height/4,1)。

图 3-12 下方还提到了 SV_GroupThreadID、SV_GroupID、SV_GroupIndex，这些变量也是用于索引线程的。

　　计算着色器无法像表面着色器一样直接赋值给材质就可以使用，它需要配合脚本调用。在后续章节中将通过几个计算着色器应用示例介绍它的具体应用方式。

3.4.4　计算着色器灰度图的应用示例

　　本节主要实现一个计算着色器的应用示例，将一张彩色贴图转换为灰度图。

　　首先在 Project 窗口中创建一个文件夹，并且将其命名为 ComputeShader；然后将一张彩色图片拖入该文件夹；最后在该文件夹中创建一个计算着色器文件，并且将其命名为 ComputeShaderGray，该文件中的代码如下：

```
#pragma kernel CSMain

//纹理图片
Texture2D<float4> inputTex;
//输出纹理图片
RWTexture2D<float4> outputTex;

[numthreads(8, 8, 1)]
void CSMain(uint3 id : SV_DispatchThreadID)
{
    //对贴图中的颜色进行处理
    //dot 函数为 HLSL 中返回的两个向量的点积函数
    float gray = dot(inputTex[id.xy].rgb, float3(0.299, 0.587, 0.114));
    //输出纹理，并且进行颜色赋值
    outputTex[id.xy] = float4(gray, gray, gray, inputTex[id.xy].a);
}
```

　　Texture2D 是只读格式的纹理数据结构，为什么说它是数据结构，而不是纹理图片呢？因为它不仅可以表示纹理，还可以作为多维数组使用。

　　RWTexture2D 也是纹理数据结构，前面加 RW 表示可读可写，非常适合向脚本中写入并返回大量计算后的结果数据。

　　在相同目录下创建用于调用该计算着色器的脚本文件，将其命名为 ComputeShaderSharp.cs，该文件中的代码如下：

```
using UnityEngine;
using UnityEngine.UI;

/// <summary>
/// 使用计算着色器将彩色贴图转换为灰度图
/// </summary>
public class ComputeShaderSharp : MonoBehaviour
{
    //计算着色器
    public ComputeShader CS = null;
    //返回显示贴图
    public RawImage ShowIamge = null;
    //源贴图
    public Texture2D inputTexture = null;

    void Start()
```

```
    {
        //创建一个渲染贴图，一定要将 enableRandomWrite 设置为 Ture
        RenderTexture OutTexture = new RenderTexture(inputTexture.width, inputTexture.height, 24);
        OutTexture.enableRandomWrite = true;
        OutTexture.Create();

        //将 OutTexture 赋值给显示贴图，以便在窗口中查看
        ShowIamge.texture = OutTexture;

        //获取指定的内核索引，如果只有一个内核，那么该值为 0
        int kernal = CS.FindKernel("CSMain");
        //给源贴图赋值
        CS.SetTexture(kernal, "inputTex", inputTexture);
        //给渲染贴图赋值
        CS.SetTexture(kernal, "outputTex", OutTexture);
        //执行 Dispatch 函数，用于执行计算着色器
        CS.Dispatch(kernal, inputTexture.width / 8, inputTexture.height / 8, 1);
    }
}
```

ComputeShader 类是一个与计算着色器有关的操作类，在 UnityEngine 命名空间中，在脚本中定义一个 ComputeShader 类型的变量，将编写的 ComputeShader 文件赋值给该变量，让该变量调用 ComputeShader 文件中定义的内核函数。

ComputeShader 类中有一系列函数，提供了参数、调用、赋值等的相关方法，使用非常方便。

创建场景文件，在场景中需要创建以下组件。

- Raw Image：原始图像组件。在 Hierarchy 窗口的空白处右击，在弹出的快捷菜单中执行 UI→Raw Image 命令，可以添加一个原始图像组件。添加两个原始图像组件，分别用于存储原始贴图和处理后的贴图。
- GameObject：空物体。在 Hierarchy 窗口的空白处右击，在弹出的快捷菜单中执行 Create Empty 命令，可以创建一个空物体。将创建的空物体重命名并将计算着色器的调用脚本拖入。

对 UI 进行适当排版，并且将彩色贴图拖入存储原始贴图的图片组件中，具体操作为从 Project 窗口中选中图片，并且将其拖动到 RawImage 组件的 Texture 属性中，如图 3-13 所示。

图 3-13

同时脚本组件中会显示对应的属性，接下来一一对应赋值，如图 3-14 所示。

图 3-14

根据脚本中的设置，在 Start 函数中执行计算着色器。因此，只要运行程序，就能看到效果，原始贴图与计算着色器灰度处理后贴图的效果对比如图 3-15 所示，左侧为彩色原图，右侧为黑白图。

图 3-15

3.4.5　计算着色器图片像素显示处理的应用示例

本节继续使用计算着色器实现一个图片像素显示处理的应用示例，将一张写着"Hello World"的白底黑字的贴图处理为只保留黑字的贴图。

具体思路如下：如果原始贴图中每个像素的颜色都偏向于白色，则直接输出透明色；如果原始贴图中每个像素的颜色都是其他色，则直接记录贴图本来的颜色。计算着色器文件中的代码如下：

```
//声明一个名为 CSMain 的核心函数
#pragma kernel CSMain
//原始图片
Texture2D<float3> Input;
//处理后的纹理图片数据
RWTexture2D<float4> Result;

[numthreads(8,8,1)]
```

```
void CSMain (uint2 id : SV_DispatchThreadID)
{
    //定义一个颜色范围值，去掉偏白色
    float discolor = 0.9f;
    //如果 RGB 数据偏白色，则将其透明化，即 float4(0, 0, 0, 0)
    //否则保持原来的 RGB 数据
    //此处的 Input[id]等于 Input[id.xy]
    if (Input[id].x > discolor && Input[id].y > discolor && Input[id].z > discolor)
    {
        //透明化处理
        Result[id] = float4(0, 0, 0, 0);
    }
    else
    {
        //原颜色值
        //float4(Input[id], 1)为 float4(Input[id].x, Input[id].y, Input[id].z, 1)的简写形式
        Result[id] = float4(Input[id], 1);
    }
}
```

数据的一入一出，表示原始贴图 Input 的判断处理与返回图像数据 Result。需要注意的是，要将 Result 定义成 RWTexture2D 类型的变量，才可以进行写入操作。

创建脚本文件，将其命名为 HelloWorldGPU.cs，用于调用该计算着色器，代码如下：

```
using UnityEngine;
using UnityEngine.UI;

/// <summary>
/// HelloWorldGPU 处理 DEMO
/// </summary>
[DisallowMultipleComponent]
public class HelloWorldGPU : MonoBehaviour
{
    /// <summary>
    /// 原始纹理
    /// </summary>
    public Texture2D oriTexture = null;
    /// <summary>
    /// 用于进行计算的计算着色器
    /// </summary>
    public ComputeShader computeShader = null;
    /// <summary>
    /// 要处理的图片
    /// </summary>
    public RawImage img = null;

    private void Update()
    {
        //检测鼠标单击事件
        if (Input.GetMouseButtonDown(0))
```

```
    {
        //定义一个可读/写的渲染纹理，用于存储处理后返回的纹理数据
        RenderTexture rt = new RenderTexture(oriTexture.width, oriTexture.height, 0);
        rt.enableRandomWrite = true;
        rt.Create();

        //获取指定的内核索引，如果只有一个内核，那么该值为 0
        int _k = computeShader.FindKernel("CSMain");
        //原始图片
        computeShader.SetTexture(_k, "Input", oriTexture);
        //处理后的纹理数据
        computeShader.SetTexture(_k, "Result", rt);
        //执行计算着色器
        computeShader.Dispatch(_k, oriTexture.width / 8, oriTexture.height / 8, 1);
        //将返回的纹理数据赋值给 Image 图片，以供最终显示
        img.texture = rt;
    }
}
}
```

在场景中进行正确的布置与设置，脚本组件设置如图 3-16 所示。

图 3-16

在程序运行后会显示原始贴图，即一张白底黑字的图片，如图 3-17 所示。

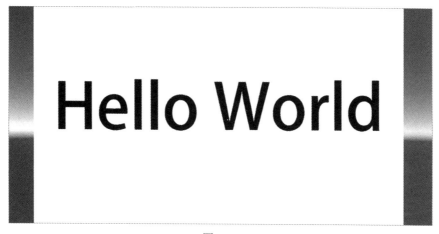

图 3-17

在单击贴图后，计算着色器会进行计算，并且重新对贴图赋值，如图 3-18 所示。

图 3-18

结合图 3-17 和图 3-18，对原始贴图的显示效果和计算着色器计算处理后贴图的显示效果进行对比。

3.5 本章总结

本章主要介绍了 3D 数学与着色器的相关知识，这些是使用 Unity 进行跨平台应用程序开发必不可少的内容。

3D 数学涉及 Unity 的使用、脚本开发的方方面面，包括对物体的移动、缩放，对坐标系的转换、计算，对向量的计算、转换，等等。

着色器是 Unity 显示及渲染领域不可或缺的内容，包括表面着色器和计算着色器的相关知识，并且通过几个应用示例介绍了表面着色器和计算着色器的使用方法。其中在压缩数据、海量数据处理等方面，计算着色器具有普通 CPU 计算不易达到的速度与性能优势。

第4章　多媒体音频技术

4.1　引言

多媒体技术是指通过计算机对文字、数据、图形、图像、动画、声音等多种媒体信息进行综合处理和管理，使用户可以通过多种感官与计算机进行实时信息交互的技术，又称为计算机多媒体技术。

多媒体音频技术发展较早，几年前，一些技术已经成熟并产品化，手机、电脑、多媒体电视等数码产品中播放的音乐、广播等已经融入了大家的生活。多媒体音频技术主要包括4个方面：音频数字化、语音处理、语音合成及语音识别。

音频数字化是较为成熟的技术，多媒体声卡就是采用该技术设计的，数字音响也是采用该技术取代传统的模拟方式，从而达到理想音响效果的。音频采样包括两个重要的参数，分别为采样频率和采样数据位数。采样频率是指对声音每秒钟采样的次数，人耳的听觉上限为20kHz左右，常用的采样频率包括11kHz、22kHz和44kHz。采样频率越高，存储的数据量越大，音质越好。CD唱片的采样频率为44.1kHz，达到了目前最好的听觉效果。采样数据位数是指每个采样点的数据表示范围，常用的采样数据位数包括8位、12位和16位。采样数据位数越高，存储的数据量越大，音质越好。CD唱片的采样数据倍数为双声道16位，采样频率为44.1kHz，达到了专业级的听觉效果。

在一般情况下，声音是通过麦克风或录音机产生的，在对模拟音频进行采样、量化后，将其转换为字节，进行传输或存储。由数字信息转换为模拟声音信号，需要对字节编码进行解码，最后通过设备输出。音频处理的范围较广，但主要集中在音频压缩上，目前最新的 MPEG 语音压缩算法可以将声音压缩6倍。

Unity 对音频的调用进行了简单的封装，但是采样频率、采样数据位数等各异，无法实现标准化，需要开发者实现。本章主要介绍如何在 Unity 中逐步实现音频的数字化处理。

4.2　音频介绍

4.2.1　音频设备

在 Unity 中，音频设备分为音频输入设备与音频输出设备，音频输入设备是指设备的麦克风，音频输出设备是指设备的发声部分。

无论是音频输入设备，还是音频输出设备，Unity 都可以通过脚本及某些组件进行访问控制，如控制计算机的麦克风可以通过直接录制创建音频剪辑。Unity 提供了一些简单的 API，用于查找可用的麦克风等设备、查询自己的能力、开始和结束记录会话。

对大部分平台及运行生成的程序设备来说，音频设备是可以动态外挂并被 Unity 检测到的。例如，如果运行的计算机中没有音频输入设备，那么可以插入一个麦克风并安装必备的驱动，Unity 是可以检测到的，如图 4-1 所示。音频输出设备是同样的情况，可以使用耳机播放音频，也可以插入一个音响。

图 4-1

　　Unity 主要使用 Microphone 类管理音频输入设备（麦克风），通过该类，可以从内置麦克风开始和结束录音，获取可用的音频输入设备（麦克风）列表，并且找出每个此类音频输入设备的状态，具体方法可以查阅官方文档，如使用 Microphone.devices 获取当前的音频输入设备（麦克风）列表。Microphone 类没有组件，但可以使用脚本访问该类。向控制台输出所有可用音频输入设备名称的代码如下：

```
void Start()
{
    foreach (var device in Microphone.devices)
    {
        Debug.Log("Name: " + device);
    }
}
```

4.2.2　音频源组件

　　音频源（Audio Source）组件主要用于在场景中播放音频剪辑。音频剪辑可以通过音频监听器或混音器播放。音频源组件可以播放任意类型的音频剪辑，可以设置以 2D、3D 或混合（SpatialBlend）模式播放，如图 4-2 所示。

　　音频可以在扬声器（立体声到 7.1 声道）之间扩散（Spread），并且在 2D 和 3D 之间变换（SpatialBlend 模式），可以通过衰减曲线控制传播距离。此外，如果监听器位于一个或多个混响区内，则会将混响效果应用于音频源组件。可以对每个音频源组件应用单独的滤波器，从而实现更丰富的音频效果。

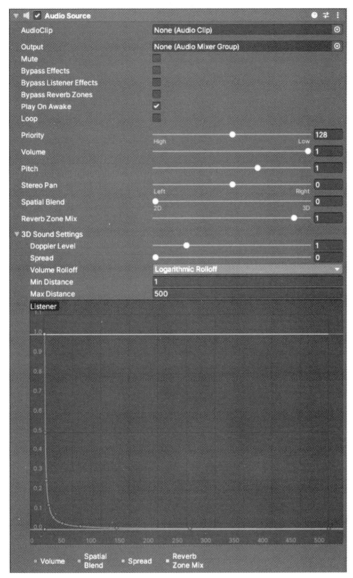

图 4-2

音频源组件的属性如下。

AudioClip：要播放的音频剪辑文件。

Output：在默认情况下，会将音频剪辑直接输出到场景中的音频监听器中（Audio Listener）。启用该选项，可以将音频剪辑输出到混音器中（Audio Mixer）。

Mute：如果勾选该复选框，则为静音。

Bypass Effects：如果勾选该复选框，则可以快速"绕过"应用于音频源组件的滤波器效果。

Bypass Listener Effects：快速启用/禁用所有监听器的快捷方式。

Bypass Reverb Zones：快速打开/关闭所有混响区的快捷方式。

Play On Awake：如果勾选该复选框，则会在启动场景时开始播放音频；如果不勾选该复选框，则需要通过脚本使用 Play() 命令播放音频。

Loop：如果勾选该复选框，则可以在音频剪辑结束后循环播放。

Priority：在场景的所有音频源中确定该音频源组件的优先级，如果值为 0，则表示优先级最高；如果值为 256，则表示优先级最低；默认值为 128。

Volume：音频的大小与离音频监听器的距离成正比，以米为世界单位。

Pitch：音频剪辑的减速/加速导致的音高变化量。如果值为 1，则表示采用正常播放速度。

Stereo Pan：设置 2D 音频的立体声位置。

Spatial Blend：设置 3D 引擎对音频源组件的影响程度。

Reverb Zone Mix：设置路由到混响区的输出信号量，该量是线性的，取值范围为 0～1，但允许在 1 到 1.1 范围内进行 10dB 放大，这对实现近场和远距离声音的效果很有用。

3D Sound Settings：与 Spatial Blend 属性成正比的属性。

- Doppler Level：确定对该音频源组件应用多普勒效果的程度，如果值为 0，则不应用任何效果。
- Spread：在发声空间中将扩散角度设置为 3D 立体声或多声道。
- Min Distance：在 Min Distance 属性定义的距离内，声音可以保持可能的最大响度。在 Min Distance 属性定义的距离外，声音会开始减弱。增大声音的 Min Distance 属性值，可以使声音在 3D 世界中更响亮。
- Max Distance：声音停止衰减的距离。在与监听器之间的距离超过 Max Distance 属性定义的距离后，声音不再衰减。

4.2.3　音频权限

在 Unity 中的某些构建平台（如 Android、iOS、UWP）上，如果要使用部分功能，则需要提前向系统申请权限。例如，如果要在 UWP 上使用麦克风、摄像头等设备的功能，则需要在发布前设置好相应的权限，如果相应的权限没有设置好，那么发布后的程序不会实现设备的相应功能，甚至会导致程序崩溃，具体参数设置如图 4-3 所示。

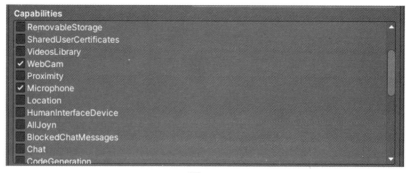

图 4-3

在 Web 端或 iOS 端申请麦克风权限的代码如下：

```
yield return Application.RequestUserAuthorization(UserAuthorization.
Microphone);
    if (Application.HasUserAuthorization(UserAuthorization.Microphone))
    {
        var MicNames = Microphone.devices;
```

```
}
```

　　如果要在 Android 端申请麦克风权限，则需要配置 AndroidManifest 文件，在该文件中添加相应的权限配置，代码如下：

```
<uses-permission android:name="android.permission.RECORD_AUDIO" />
```

　　随着 Unity 版本的升级，通常无须进行过多的配置，就可以使用相关的权限。Unity 会自动配置好相关的权限。

4.3　音频多通道

4.3.1　多通道介绍

　　人们玩的游戏、听的音乐通常是立体声的。例如，在玩游戏时，可以通过声音判断怪物或其他物体的方位；在听音乐时，可以让人们有身临其境的感觉。这些都提高了人们的听觉体验，当然，前提是使用的设备要支持多通道播放，如果只有一个输出设备，那么即使游戏音效非常好，用户也体验不到。

　　音频输出设备如此，音频输入设备也如此。人们接触到的麦克风一般为单声道音频输入设备，当前也有多声道音频输入设备，如果需要录制立体声，则需要通过支持双声道甚至多声道的音频输入设备获取立体声音频。索尼的一款立体声麦克风设计如图 4-4 所示。

图 4-4

　　Unity 作为一款成熟的游戏开发引擎，必然支持音频的多通道技术，目前 Unity 支持 Mono（单声道）、Stereo（立体声）、多声道音频资源（多达 8 个通道）。

4.3.2　Unity 多通道

　　Unity 多通道的概念体现在 AudioClip（音频剪辑）类上，音频剪辑为 Audio Source 组件的数据音频源，Audio Source 组件为 Unity 中播放 3D 音频源的主要组件，如图 4-5 所示。Audio Source

组件功能强大，可以实现播放控制、音频混响等功能，可以通过查看官方文档对其进行了解。

图 4-5

Audio Source 组件的第一个属性是 AudioClip，可以从 Project 窗口中拖入 Unity 所支持的音频文件，Unity 可以导入的音频文件格式有.aif、.aiff、.wav、.mp3、.mod、.it、.xm 和.ogg，所以 AudioClip 其实是一个音频片段，可以通过代码控制它。

导入 Unity 的音频文件都可以作为音频剪辑实例在脚本中获取，因此可以让音频系统在游戏运行时能够访问经过编码的音频数据。游戏可以在加载实际音频数据前，通过音频剪辑访问有关音频数据的元数据信息。之所以能实现该功能，是因为导入过程已从编码的音频数据中提取了各种信息，如长度、声道数和采样率，并且将其存储于音频剪辑中。这在创建自动对话或音乐排序系统时可能很有用，因为音乐引擎可以在实际加载数据前使用关于长度的信息安排音乐播放顺序。此外，由于只需将某个时间需要的音频剪辑存储于内存中，因此有助于降低内存使用率。

其中，AudioClip 的 channels 属性表示音频通道的数量，channels 属性的定义代码如下：

```
[NativeProperty("ChannelCount")]
public int channels
```

无论有多少个音频通道，场景中都必须有且只有一个音频监听器（Audio Listener），如图 4-6 所示。对于大部分应用程序，建议将监听器附加到主摄像机上。音频监听器与音频源配合使用，可以为游戏营造最佳听觉体验。在将音频监听器连接到场景中的物体后，所有足够接近音频监听器的音频源都会被拾取并输出到计算机的扬声器中。

图 4-6

音频监听器是没有任何属性的。如果将音频源设置为 3D 播放模式，那么音频监听器会模拟 3D 世界中声音的位置、速度和方向（可以在音频源中非常详细地调整衰减和 3D/2D 行为）；如果音频源是 2D 播放模式，那么音频监听器会忽略所有 3D 处理。

音频采样

4.4.1 采样率与采样大小

声音是一种有频率与振幅的能量波,频率是相对于时间方向的,振幅是相对于电平轴线的。在拾取音频数据时,是无法记录全部声音的,因为能量波的弦线是由无数个连续的点组成的,在存储空间有限的前提下,只能在这无数个点中获取有限的一部分,这种操作称为音频数字编码的数字采样。当然,获取的点数越多,在还原时与音频输入的原波形越接近,越能保持声音的真实性。

在一个能量波中至少要采样 2 个点,人耳能够听到的最高频率为 20kHz,为了保证人耳可以听到,需要每秒进行 40k 次采样,即采样率为 40kHz。

采样率表示每秒对原始信号采样的次数,常用的音频文件采样率为 44.1kHz,这意味着什么呢?假设有 2 段正弦波信号,分别为 20Hz 和 20kHz,长度均为一秒钟,为了对应人耳能听到的最低频和最高频,分别对这两段信号进行 40kHz 的采样,结果是,20Hz 的正弦波信号每次振动被采样 2000(40k÷20)次,20kHz 的正弦波信号每次振动只采样 2(4k÷2k)次。显然,在相同的采样率下,记录低频信号远比高频信号详细。这也是有些音响爱好者指责 CD 有数码声,不够真实的原因,CD 的 44.1kHz 采样率也无法保证高频信号被较好地记录下来。要较好地记录高频信号,需要采用更高的采样率,因此有些朋友在捕捉 CD 音轨时采用 48kHz 的采样率,但这其实对提高音质没有任何好处,对抓轨软件来说,保持 44.1kHz 的采样率才可以保证最佳音质。只有在使用相对模拟信号时,采用较高的采样率才有用,如果被采样的信号是数字的,则建议不要提高采样率。

采样是一个量化的过程,将该频率的能量量化,用于表示信号强度。量化电平数为 2 的整数次幂,常见的 CD 采用 16bit 的采样大小,即 2 的 16 次幂。在每次采样过程中都记录采样数据的存储空间大小,可以将 16bit 精细到 65 536。

音频的存储或传输数据量计算公式如下:

$$数据量(字节/秒)=采样率(Hz)×采样大小(bit)×声道数/8$$

4.4.2 Unity 音频采样处理

音频采样要借助于 Microphone 类,并且使用 Microphone.Start 函数启动麦克风,从而开始采样,API 代码如下:

```
Public static AudioClip Start(string deviceName, bool loop, int lengthSec, int frequency);
```

deviceName:设备名称,如果只有一个设备,那么此处传入 null 即可。

loop:是否循环录制,在循环到达指定时间后,再从头开始录制。

lengthSec:录制音频的长度,单位是秒。

frequency:录音频率,即前面提到的音频剪辑的采样率。

在使用 Microphone.Start 函数启动麦克风后,即可轮询获取采样的数据。获取一份采样数据,并且将其存储于 float 数组中，代码如下：

```
var clip = Microphone.Start(null, true, 1, 44100);
float[] samples = new float[clip.samples];
clip.GetData(samples, 0);
```

　音频数字化

4.5.1　数字音频

数字音频是一种利用数字化手段对声音进行录制、存储、编辑、压缩或播放的技术，它是随着数字信号处理技术、计算机技术、多媒体技术的发展而形成的一种全新的声音处理手段。

数字音频的主要应用领域是音乐后期制作和录音。

数字音频在计算机中的数据是以 0、1 的形式存/取的，它先将音频文件转化为电平信号，再将这些电平信号转化为二进制数据并存储，在播放时将这些数据转换为模拟的电平信号并播出。

数字音频和一般磁带、广播、电视中的音频在存储/播放方式方面有本质区别。相较而言，数字音频具有存储方便、存储成本低廉、存储和传输过程中没有声音失真、编辑和处理非常方便等特点。

下面介绍几个关于数字音频的基本知识。

采样率：前面已经提到了，采样率是指通过波形采样的方法记录 1 秒钟的声音需要的数据数量。44kHz 采样率的声音就是要花费 44 000 个数据描述 1 秒钟的声音波形。在原则上，采样率越高，声音的质量越好。

压缩率：通常是指音频文件压缩前的大小和压缩后的大小的比值，主要用于描述数字音频的压缩效率。

比特率：是另一种数字音频压缩效率的参考性指标，表示记录音频数据每秒钟所需的平均比特值（比特是电脑中最小的数据单位，用于表示一个表示 0 或 1 的数），通常使用 Kbps（通俗地讲就是每秒钟 1 024 比特）作为单位。CD 中的数字音频比特率为 1 411.2Kbps（记录 1 秒钟的 CD 数字音频，需要 1 411.2×1 024 比特的数据），近似于 CD 音质的 MP3 数字音频需要的比特率大约是 112～128Kbps。

量化级：描述声音波形数据是多少位的二进制数据，通常以 bit 为单位，如 16bit、24bit。16bit 量化级记录声音的数据使用 16 位的二进制数，因此，量化级也是衡量数字音频质量的重要指标。人们形容数字音频的质量，通常描述为 24bit（量化级）、48kHz 采样，如标准 CD 音乐的质量是 16bit、44.1kHz 采样。

麦克风可以将声音压力波转换成电线中的电压变化：高压成为正电压，低压成为负电压。当这些电压变化通过麦克风电线传输时，可以在磁带上记录成磁场强度的变化或在黑胶唱片上记录成沟槽大小的变化。扬声器的工作方式与麦克风相反，即通过音频数据和振动中的电压信号重新产生压力波。

与磁带、黑胶唱片等模拟存储介质不同，计算机以数字方式将音频信息存储成一系列 0 和 1。在数字存储介质中，原始波形被分成多个称为采样的快照，此过程通常称为数字化或音频采样，有时也称为模数转换。

硬盘中的音频文件（如 WAV 文件）中包含一个表示采样率和位深度的小标头，然后是一长列数字，每个数字都代表一个采样值。这些文件可能非常大。例如，在每秒 44 100 个采样和每个采样 16 位的情况下，一个单声道文件每秒大约为 86KB，每分钟大约为 5MB。对于具有两个声道的立体声文件，该数字会翻倍到每分钟大约 10MB。

随着人们生活水平的提高、硬盘容量的提升，人们开始追求更加完美的音质，因此诞生了一些无损压缩的音频格式，如 APE、FLAC、PAC、WV 等。

4.5.2 音频质量

记录的数字音频质量与多个因素有关，并且不限于采样频率、量化位数、声道数、数据量、压缩方式等。

根据奈奎斯特采样定理，采样频率必须是模拟信号最高频率的两倍，才能保证采样获得的声音信号在重放时不失真。

量化位数又称为量化精度，是描述每个采样值的二进制数据的位数。可以说量化就是对采样获得的值进行数字化（用计算机中的若干二进制数表示）的过程。

声道数为一次采样所记录的声音波形个数，声道数越多，声音的真实感越好，数据量也越大。

数据量与采样频率、量化位数、声道数成正比，数据量越大，数据传输、读取、写入的压力就越大。

音频的压缩方式有多种，大部分压缩方式的压缩原理有 3 种：基于音频数据优化的游程编码、单纯哈夫曼和基于实时音量的位率压缩。APE 是采用单纯哈夫曼和基于实时音量的位率压缩的综合算法，压缩率非常高，一般可以将 WAVE 文件压缩为原来的一半。但是使用复杂的压缩算法会使编解码的效率降低，必须根据自身情况选择合适的压缩算法。

4.5.3 Unity 音频数字化

本节使用一个 Unity 脚本示例介绍相关 API 的使用方法。本示例首先启用设备，用于记录音频采样；然后按照音频顺序将其转化为字节数组；最后将数据存储于数据队列中，以供消费。

```csharp
using System;
using System.Collections;
using System.Collections.Generic;
using UnityEngine;

/// <summary>
/// 音频数字化
/// </summary>
public class AudioRecordingExample : MonoBehaviour
{
    //设备名称
    public string DeviceName = null;
    //音频采样率
    public int Frequency = 44100;

    //开始记录
    void Start()
```

```csharp
    {
        //利用协程开始记录
        StartCoroutine(StartMicrophone());
    }

    //音频剪辑片段
    AudioClip clip;
    //声道数
    int Channels = 1;
    /// <summary>
    /// 设备记录
    /// </summary>
    IEnumerator StartMicrophone()
    {
        //获取麦克风权限
        yield return Application.RequestUserAuthorization(UserAuthorization.
Microphone);
        if (Application.HasUserAuthorization(UserAuthorization.Microphone))
        {
            //使用指定设备进行录制
            //一定要启用循环录制功能
            clip = Microphone.Start(DeviceName, true, 1, Frequency);
            //判断设备是否已经开始工作
            while (!(Microphone.GetPosition(DeviceName) > 0)) { }
            Debug.Log("Start Microphone(Position): " + Microphone.GetPosition
(DeviceName));
            //获取音频的声道数
            Channels = clip.channels;

            //循环对录音数据进行采样
            while (true)
            {
                AddSampleData();
                yield return null;
            }
        }
        yield return null;
    }

    //临时记录采样位置
    private int CurrentSample = 0;
    private int LastSample = 0;
    //访问队列锁对象
    private object _asyncLockAudio = new object();
    //音频字节队列
    private Queue<byte> AudioBytes = new Queue<byte>();

    /// <summary>
    /// 添加数据
    /// 对录音数据进行采样
```

```
/// </summary>
void AddSampleData()
{
    //替换上一次采样位置
    LastSample = CurrentSample;
    //获取本次采样位置
    CurrentSample = Microphone.GetPosition(DeviceName);

    //如果记录的采样位置不同，则获取数据
    if (CurrentSample != LastSample)
    {
        //定义 float 数组，用于获取采样数据
        float[] samples = new float[clip.samples];
        //使用剪辑的采样数据填充 float 数组
        clip.GetData(samples, 0);

        //本次采样位置大于上一次采样位置
        //表示在一个采样周期内
        //记录从上一次采样位置到本次采样位置即可
        if (CurrentSample > LastSample)
        {
            //对音频队列的操作加锁
            lock (_asyncLockAudio)
            {
                //循环每个采样
                for (int i = LastSample; i < CurrentSample; i++)
                {
                    //转化为字节数组
                    byte[] byteData = BitConverter.GetBytes(samples[i]);
                    //最终将数组归入队列
                    foreach (byte _byte in byteData) AudioBytes.Enqueue(_byte);
                }
            }
        }
        //本次采样位置小于上一次采样位置
        //表示在两个采样周期内
        //记录从上一次采样位置到采样周期结束位置，以及采样周期开始位置到本次采样位置
        else if (CurrentSample < LastSample)
        {
            lock (_asyncLockAudio)
            {
                //上一次采样位置到采样周期结束位置
                for (int i = LastSample; i < samples.Length; i++)
                {
                    //转化为字节数组
                    byte[] byteData = BitConverter.GetBytes(samples[i]);
                    //最终将数组归入队列
                    foreach (byte _byte in byteData) AudioBytes.Enqueue(_byte);
                }
                //采样周期开始位置到本次采样位置
```

```
            for (int i = 0; i < CurrentSample; i++)
            {
                //转化为字节数组
                byte[] byteData = BitConverter.GetBytes(samples[i]);
                //最终将数组归入队列
                foreach (byte _byte in byteData) AudioBytes.Enqueue(_byte);
            }
        }
    }
}
}
```

上述功能的整体结构如下。

- 使用 Microphone.Start 函数启动设备。
- 循环使用 Microphone.GetPosition 函数获取采样位置。
- 将音频数据加载到长度为音频剪辑采样数的数组中。

至此，对摄像设备的读取及数字化已经完成，这里还没有引入网络概念，数据处理的相关知识将在后续章节中进行讲解。

4.6 本章总结

本章主要对多媒体音频技术进行了简单的介绍，包括音频设备、音频源组件、音频权限、音频多通道、音频采样、音频数字化等。

音频数字化一直是专家学者的重点研究对象。本章在 Unity 中使用脚本对音频进行控制并将其数字化，希望读者对多媒体音频技术有一个基本的理解。

第5章　多媒体视频技术

5.1　引言

视频技术进入大众视野，大致已有二十多年，大部分用户不但对本地播放习以为常，而且越来越多地使用互联网观看视频，视频服务的种类也愈发多样，从点播、电视直播到网络直播、短视频，形式和技术互相促进、不断发展。

在视频服务方面，近年来出现了一系列新功能：支持更高的分辨率，如 4K 分辨率（如 4 096×2 160 分辨率）、8K 分辨率（如 7 680×4 320 分辨率）、16K 分辨率（如 15 360×8 640 分辨率）；更高的帧速率，如 48fps、60fps、120fps；新的内容格式，如 HDR、Dolby Atmos；涉及全新类型的设备，如 VR、AR 头戴式显示设备。从技术角度来看，上述功能会引入数倍乃至数十倍的编码任务，而工作流也远比以往复杂，需要更多的模块和更多样的顺序结构，但好在硬件也在不断地更新，能以更高的性能满足人们对更高视频技术的需求。

多媒体视频技术主要是指对图像、视频进行处理的技术，主要用于采集视频源与音频源的数据，对数据进行编码、封装，对图像、视频进行压缩，进行网络传输，等等。

Unity 对视频的调用方法进行了简单的封装。例如，如果要将摄像头显示在场景中，则比较容易实现。本章主要介绍 Unity 中对图像、视频的处理。

5.2　视频设备与权限

5.2.1　视频设备

视频录制设备有很多种，如手机摄像机、数码相机等，它们工作的基本原理是一样的：将光学图像信号转换成电信号进行存储或传输，如图 5-1 所示。当拍摄一个物体时，反射在物体上的光被视频录制设备的镜头收集，聚焦在视频录制设备中的光接收表面，然后通过视频录制设备将光转化为电能，即可获得视频信号。光电信号非常微弱，需要通过前置放大电路进行放大，然后通过各种电路进行处理和调整。最后，标准信号可以发送至视频录制设备或其他记录介质中进行记录，也可以通过通信系统发送至监视器中进行显示。

在现代视频设备中，除了 PC 需要外界摄像头外，其他视频设备（如手机、Pad、笔记本等）都自带摄像头，甚至有的视频设备不止携带一个摄像头，它们支持的分辨率不同，功能也不同，如有些视频设备支持红外功能、有些视频设备支持无线传输功能等。但对 Unity 多平台开发来说，只要是 Unity 支持的系统，就可以轻松地通过 API 调用这些视频设备。

图 5-1

Unity 对视频设备进行封装的类包括 PhotoCapture、VideoCapture 和 WebCamTexture 等。

PhotoCapture 类主要用于通过网络摄像头捕捉图像，并且将其存储于内存或磁盘中。

VideoCapture 类主要用于通过网络摄像头捕捉视频，并且将其直接存储于磁盘中，不支持将其存储于内存中。该类仅支持 Windows 平台及 Windows 编辑器。

WebCamTexture 类主要用于将网络摄像头纹理渲染为实时视频输入的纹理。

5.2.2 视频权限

在 Unity 中，如果要使用摄像头功能，则必须配置好使用权限，在 UWP 上发布项目前，需要在权限列表中设置好如图 5-2 所示的权限，勾选 WebCam 复选框。

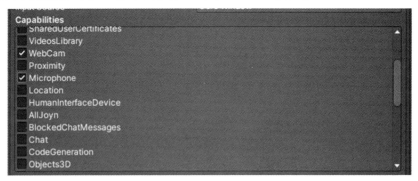

图 5-2

在 Android 平台上，如果需要调用摄像头，则需要配置 AndroidManifest 文件，在该文件中添加相应的权限配置，代码如下：

```
<uses-permission android:name="android.permission. CAMERA" />
```

申请与检测摄像头的权限，代码如下：

```
yield return Application.RequestUserAuthorization(UserAuthorization.WebCam);
if (Application.HasUserAuthorization(UserAuthorization.WebCam))
{
    var devices = WebCamTexture.devices;
}
```

5.3　图像捕捉与视频捕捉

下面通过两个 Unity 脚本示例介绍 Unity 视频设备的 API。

5.3.1　图像捕捉

使用 PhotoCapture 类创建一个 Unity 脚本示例，演示如何使用图像捕捉功能进行拍照，并且在 Unity 物体上显示所拍的照片，如图 5-3 所示。

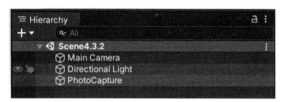

图 5-3

创建脚本文件 PhotoCaptureExample，该文件中的代码如下：

```
using UnityEngine;
using System.Linq;
using UnityEngine.Windows.WebCam;

/// <summary>
/// 图像捕捉
/// </summary>
public class PhotoCaptureExample : MonoBehaviour
{
    //图像捕捉的目标贴图
    private Texture2D targetTexture = null;
    //图像捕捉对象
    private PhotoCapture photoCaptureObject = null;

    //开始执行
    void Start()
    {
        //获取摄像机分辨率的方案
        Resolution cameraResolution = PhotoCapture.SupportedResolutions.
OrderByDescending((res) => res.width * res.height).First();
        //根据摄像机分辨率设置贴图大小
        targetTexture = new Texture2D(cameraResolution.width, cameraResolution.
height);

        //创建图像捕捉对象
        PhotoCapture.CreateAsync(false, delegate (PhotoCapture captureObject) {
            photoCaptureObject = captureObject;
            CameraParameters cameraParameters = new CameraParameters();
            cameraParameters.hologramOpacity = 0.0f;
```

```
        cameraParameters.cameraResolutionWidth = cameraResolution.width;
        cameraParameters.cameraResolutionHeight = cameraResolution.height;
        cameraParameters.pixelFormat = CapturePixelFormat.BGRA32;

        //激活摄像机
        photoCaptureObject.StartPhotoModeAsync(cameraParameters, delegate
(PhotoCapture. PhotoCaptureResult result) {
            //调用图像捕捉
            photoCaptureObject.TakePhotoAsync(OnCapturedPhotoToMemory);
        });
    });
}

/// <summary>
/// 图像捕捉回调
/// </summary>
void OnCapturedPhotoToMemory(PhotoCapture.PhotoCaptureResult result,
PhotoCaptureFrame photoCaptureFrame)
{
    //将图片数据复制到目标贴图中
    photoCaptureFrame.UploadImageDataToTexture(targetTexture);

    //创建一个在场景中显示的四方体
    GameObject quad = GameObject.CreatePrimitive(PrimitiveType.Quad);
    //获取四方体的 Renderer 组件
    var quadRenderer = quad.GetComponent<Renderer>();
    //将 Renderer 组件的材质设置为指定 Shader 的材质
    quadRenderer.material = new Material(Shader.Find("Unlit/Texture"));
    //确定位置信息
    quad.transform.parent = this.transform;
    //局部坐标
    quad.transform.localPosition = new Vector3(0.0f, 0.0f, 3.0f);
    //设置四方体的材质贴图
    quadRenderer.material.SetTexture("_MainTex", targetTexture);
    //关闭图像捕捉对象
    photoCaptureObject.StopPhotoModeAsync(OnStoppedPhotoMode);
}

//关闭图像捕捉回调
void OnStoppedPhotoMode(PhotoCapture.PhotoCaptureResult result)
{
    //释放图像捕捉资源
    photoCaptureObject.Dispose();
    photoCaptureObject = null;
}
}
```

新建场景，在根目录下创建一个空物体 PhotoCapture，并且将 Position 属性的相关数据都清零，然后将创建的脚本文件拖入，使其成为物体 PhotoCapture 的组件，如图 5-4 所示。

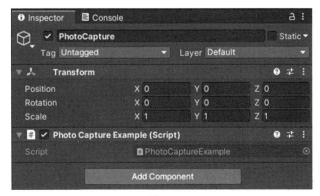

图 5-4

运行程序并等待片刻，即可看到摄像机拍摄的照片显示在 Game 窗口中，如图 5-5 所示。

图 5-5

5.3.2　视频捕捉

由于 VideoCapture 类不支持将捕捉的视频存储于内存中，因此以文件的形式记录捕捉的视频。

下面使用 VideoCapture 类创建一个 Unity 脚本示例，演示如何使用视频捕捉功能录制视频，并且将其存储于磁盘中。

创建脚本文件 VideoCaptureExample，该文件中的代码如下：

```
using UnityEngine;
using System.Linq;
using UnityEngine.Windows.WebCam;

/// <summary>
/// 视频捕捉
/// </summary>
public class VideoCaptureExample : MonoBehaviour
{
    //记录视频的时间长度（单位为秒）
    static readonly float MaxRecordingTime = 5.0f;
```

```
    //视频捕捉对象
    private VideoCapture VideoCaptureOjbect = null;
    //定义临时终止时间
    float m_stopRecordingTimer = float.MaxValue;

    //开始执行
    void Start()
    {
        //获取摄像机分辨率的方案
        Resolution cameraResolution = VideoCapture.SupportedResolutions.
OrderByDescending((res) => res.width * res.height).First();
        //获取摄像机的帧率
        float cameraFramerate = VideoCapture.GetSupportedFrameRatesForResolution
(cameraResolution).OrderByDescending((fps) => fps).First();

        //创建视频捕捉对象
        VideoCapture.CreateAsync(false, videoCapture =>
        {
            if (videoCapture != null)
            {
                VideoCaptureOjbect = videoCapture;

                //设置摄像机参数
                CameraParameters cameraParameters = new CameraParameters();
                cameraParameters.hologramOpacity = 0.0f;
                cameraParameters.frameRate = cameraFramerate;
                cameraParameters.cameraResolutionWidth = cameraResolution.width;
                cameraParameters.cameraResolutionHeight = cameraResolution.height;
                cameraParameters.pixelFormat = CapturePixelFormat.BGRA32;

                //激活摄像机
                VideoCaptureOjbect.StartVideoModeAsync(cameraParameters,
                    VideoCapture.AudioState.ApplicationAndMicAudio,
                    result =>
                    {
                        //设置存储位置
                        string timeStamp = Time.time.ToString().Replace(".", "").Replace
(":", "");

                        string filename = string.Format("TestVideo_{0}.mp4", timeStamp);
                        string filepath = System.IO.Path.Combine(Application.dataPath,
filename);

                        filepath = filepath.Replace("/", @"\");
                        Debug.Log(filepath);
                        //开始记录
                        VideoCaptureOjbect.StartRecordingAsync(filepath, vresult =>
                        {
                            Debug.Log("Started Recording Video!");
                            //设置本次记录的终止时间
                            m_stopRecordingTimer = Time.time + MaxRecordingTime;
                        });
```

```
                });
            }
        else
        {
            Debug.LogError("Failed to create VideoCapture Instance!");
        }
    });
}

/// <summary>
/// 逐帧执行，并且进行相应的判断
/// </summary>
void Update()
{
    if (VideoCaptureOjbect == null || !VideoCaptureOjbect.IsRecording)
    {
        return;
    }

    //当前时间超过设置的记录终止时间，调用视频终止函数
    if (Time.time > m_stopRecordingTimer)
    {
        //异步停止录制从网络摄像头到文件系统的视频
        VideoCaptureOjbect.StopRecordingAsync(result =>
        {
            //异步停止视频模式
            VideoCaptureOjbect.StopVideoModeAsync(vresult =>
            {
                Debug.Log("Stopped Video Capture Mode!");
            });
        });
    }
}
}
```

新建场景，在根目录下创建一个空物体 VideoCapture，然后将创建的脚本文件拖入，使其成为物体 VideoCapture 的组件，如图 5-6 所示。

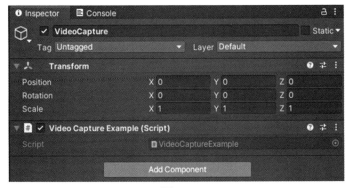

图 5-6

运行程序并等待定义的时间（此处为 5 秒），即可在项目的 Assets 目录下看到程序生成的以 "TestVideo_" 开头的 MP4 文件，如图 5-7 所示。

图 5-7

 图像数字化

5.4.1 图像及视频种类

在计算机中，根据颜色和灰度，可以将图像分为 4 种基本类型：二值图像、灰度图像、索引图像与 RGB 图像。

1．二值图像

二值图像的二维矩阵仅由 0、1 两个值构成，0 表示黑色，1 表示白色。由于像素（矩阵中的元素）的取值仅有 0、1 两种可能，因此计算机中二值图像的数据通常为二进制数。二值图像通常用于进行文字、线条图的扫描识别（OCR）和掩膜图像的存储。

2．灰度图像

灰度图像矩阵元素的取值范围通常为[0,255]，因此其数据类型通常为 8 位无符号整型（int8），这种灰度图像就是人们经常提到的 256 级灰度图像。其中，0 表示纯黑色，255 表示纯白色，中间的数字按从小到大的顺序表示由黑到白的过渡色。在某些软件中，灰度图像的数据类型可以采用双精度数据类型（double），像素的值域为[0,1]，0 表示黑色，1 表示白色，0 到 1 之间的小数表示不同的灰度等级。二值图像可以看作灰度图像的特例。

3．索引图像

索引图像的文件结构比较复杂，除了存储图像的二维矩阵，还包括一个称为颜色索引矩阵 MAP 的二维数组。MAP 的大小由存储图像的矩阵元素的值域决定，如果矩阵元素的值域为 [0,255]，那么 MAP 的大小为 256×3，用 MAP=[RGB]表示。MAP 中每行的 3 个元素分别用于指定该行对应颜色的红、绿、蓝单色值，MAP 中的每行都对应图像矩阵像素的一个灰度值，如果某个像素的灰度值为 64，那么该像素会与 MAP 中的第 64 行建立映射关系，该像素在屏幕上的实际颜色由第 64 行的 RGB 组合决定。也就是说，当图像在屏幕上显示时，每个像素的颜色都由该像素存储于图像矩阵中的灰度值作为索引，通过检索颜色索引矩阵 MAP 得到。索引图像的数据类型一般为 8 位无符号整型（int8），相应的颜色索引矩阵 MAP 的大小为 256×3，因此索引图像一般只能同时显示 256 种颜色，但通过改变颜色索引矩阵，可以调整颜色的类型。索引图像的数据类型也可以采用双精度浮点型（double）。索引图像通常用于存储色彩要求比较简单的图像，如 Windows 中色彩构成比较简单的壁纸通常使用索引图像存储，如果图像的色彩比较复杂，则需要使用 RGB 图像存储。

4．RGB 图像

RGB 图像与索引图像一样，都可以表示彩色图像。与索引图像一样，RGB 图像也使用红（R）、绿（G）、蓝（B）三原色的组合表示每个像素的颜色。但与索引图像不同的是，在 RGB 图像中，每个像素的颜色值（由 RGB 三原色表示）都直接存储于图像矩阵中，每个像素的颜色都需要由 3 个分量（R、G、B）表示，M、N 分别表示图像的行列数，因此 3 个 $M×N$ 的二维矩阵分别表示各个像素的 3 个颜色分量（R、G、B）。RGB 图像的数据类型一般为 8 位无符号整型（int8），通常用于表示和存储真彩色图像，也可以存储灰度图像。

视频的种类一般是指视频的编码方式，分为本地视频与网络流媒体两种。

为了推广新的视频技术，避免社会资源的浪费，相关的国际组织制定了一系列视频数据编码标准，一些相关领域的大公司利用其在市场占有份额较大和技术领先的优势，使自己开发的视频编码格式得到推广。因此，视频编码格式虽然繁多，但流行的视频编码格式并不是很多，因此，只需要掌握几种流行的视频编码格式及其存储、播放与转换的方法，就可以掌握大部分视频资源的主动使用权。

由于视频编码的主要任务是缩小视频文件的存储空间，即去除视频数据中的冗余信息，因此视频编码又称为视频压缩编码或视频压缩。用于实现编码功能的软件称为编码器（coder），用于实现解码功能的软件称为解码器（decoder），二者合称为编解码器（codec）。

视频的编码格式与编码标准是密不可分的，特定视频编码格式的文件是按照特定编码标准加工生成的结果。视频流传输过程中的重要编码标准有国际电联视频编码专家组的 H.261、H.263，国际标准化组织运动图像专家组的 MPEG 系列标准，以及这两个组织联合组建的联合视频组（JVT）共同制定的 H.264。此外，在互联网上被广泛应用的还有 RealNetworks 的 RealVideo 系列标准、微软公司的 WMT 标准及苹果公司的 QuickTime 标准等。大部分视频文件是按照上述编码标准生成的。

视频格式有很多，常见的有 MPEG、AVI、nAVI、ASF、MOV、3GP、WMV、RM、RMVB、FLV、F4V 等。

MPEG 是比较有代表性的视频格式，其标准主要有 MPEG-1、MPEG-2、MPEG-4、MPEG-7 及 MPEG-21 等。采用 MPEG 标准的视频压缩编码技术主要利用具有运动补偿的帧间压缩编码技术降低时间冗余度，利用 DCT 技术降低图像的空间冗余度，利用熵编码在信息表示方面降低统计冗余度。

5.4.2　Unity 图像的数字化处理

在一般情况下，开发者使用图像及视频捕捉的相关 API 完成 Unity 图像的数字化处理工作，但这些 API 并不是跨平台 API，因此需要引入一个接近底层的类 WebCamTexture，用于达到跨平台的目的。

WebCamTexture 类是将网络摄像头纹理实时渲染为视频输入纹理的工具类，该类中的属性如下。

　　devices：静态属性，返回一个可用设备列表。

　　autoFocusPoint：该属性允许设置、获取摄像机的自动焦点。该属性只在 Android 和 iOS 设备上工作。

　　deviceName：主要用于指定要使用的设备名称。

　　didUpdateThisFrame：主要用于设置视频缓冲区是否更新了此帧。

　　isDepth：如果纹理基于深度数据，那么将该属性值设置为 True。

　　isPlaying：如果摄像机当前正在播放，则返回 True。

　　requestedFPS：设置摄像设备请求的帧速率（以帧/每秒为单位）。

　　requestedHeight：设置摄像设备请求的高度。

　　requestedWidth：设置摄像设备请求的宽度。

　　videoRotationAngle：返回顺时针角度（以度为单位），主要用于旋转多边形，以便以正确的方向显示摄像机中的内容。

　　videoVerticallyMirrored：布尔值，表示纹理图像是否垂直翻转。

　　WebCamTexture 类中的公共方法如下。

　　GetPixel：返回坐标(x, y)处的像素颜色。

　　GetPixels：获取一块像素颜色。

　　GetPixels32：以原始格式返回像素数据。

　　Pause：暂停摄像机。

　　Play：启动摄像机。

　　Stop：停止摄像机。

　　下面来看一个对本地摄像机拍摄图像的数字化处理示例，该示例中用到了一个将 Texture 数据转换为 Texture2D 数据的方法，读者即使不是很理解，也不要过于纠结，只要知道该方法可以完成类型转换就可以了。该示例的具体代码如下：

```
using System;
using System.Collections;
using UnityEngine;
using UnityEngine.UI;

/// <summary>
/// 对本地摄像机拍摄图像的数字化处理
/// </summary>
public class WebCamEncoderExample : MonoBehaviour
{
    #region Properties

    //显示本地摄像机渲染贴图
    public RawImage Cam;
    //摄像机帧率
    public int StreamFPS = 30;
    //图片压缩质量参数，取值范围为0~100，数值越大，质量越高
    public int Quality = 75;
```

```
//定义临时贴图对象
private Texture texture;
//定义转换贴图类型用贴图
private Texture2D texture2D;
//定义使用的摄像机贴图对象
private WebCamTexture webCam;

#endregion

/// <summary>
/// 在启用组件时开始调用 WebCam 对象
/// </summary>
private void OnEnable()
{
    StartCoroutine(StartWebCam());
}
/// <summary>
/// 在禁用组件时停止调用 WebCam 对象
/// </summary>
private void OnDisable()
{
    StopCoroutine(StartWebCam());
    webCam.Stop();
}

/// <summary>
/// 开始调用 WebCam 对象
/// </summary>
IEnumerator StartWebCam()
{
    //请求 WebCam 对象的相关权限
    yield return Application.RequestUserAuthorization(UserAuthorization.WebCam);
    if (Application.HasUserAuthorization(UserAuthorization.WebCam))
    {
        //获取可用设备列表
        var devices = WebCamTexture.devices;
        int CamId = -1;
        //循环可用设备列表
        //如果有多个摄像机，则优先选用当前设备的前置摄像机
        for (int i = 0; i < devices.Length; i++)
        {
            CamId = i;
            if (devices[i].isFrontFacing)
            {
                break;
            }
        }

        //激活指定的 WebCam 对象
```

```
        webCam = new WebCamTexture(devices[CamId].name, 800, 800, StreamFPS);
        //给临时贴图对象赋值
        texture = webCam;
        //设置平铺纹理
        texture.wrapMode = TextureWrapMode.Repeat;
        //设置摄像设备请求的帧率
        //（以帧/每秒为单位）
        webCam.requestedFPS = 30;
        //启动摄像机
        webCam.Play();
        //将纹理贴图显示到 RawImage 组件中
        Cam.texture = texture;
        //初始化一个新的空纹理
        texture2D = new Texture2D(texture.width, texture.height, TextureFormat.
RGBA32, false);

        //下次可调用时间
        float next = 0f;
        //每次调用的时间间隔
        float interval = 0.05f;
        //循环调用
        while (true)
        {
            //如果时间超过下次可调用时间，则调用，否则等待
            if (Time.realtimeSinceStartup > next)
            {
                //根据设置的帧率重新计算每次调用的时间间隔
                interval = 1f / StreamFPS;
                //下次可调用时间 = 当前时间 + 每次调用的时间间隔
                next = Time.realtimeSinceStartup + interval;
                //调用视频信息编码
                StartCoroutine(EncodeBytes());
            }
            yield return null;
        }
    }
    yield return null;
}
/// <summary>
/// 视频信息编码
/// </summary>
IEnumerator EncodeBytes()
{
    //在渲染完成后调用
    yield return new WaitForEndOfFrame();
    //将本帧摄像机贴图数据转换为 Texture2D 数据
    var CapturedTexture2D = TextureToTexture2D(texture);
    //获取字节流
    //根据设置的质量参数将其编码成 JPG 格式的数据
    //将该字节流存储于文件中，即可得到一行 JPG 格式的图片数据
```

```
    var dataByte = CapturedTexture2D.EncodeToJPG(Quality);

    Debug.Log($"完成本帧图像数字化，数字化后字节数组长度：{dataByte.Length}。");
    yield break;
}

/// <summary>
/// 将 Texture 数据转换为 Texture2D 数据
/// </summary>
private Texture2D TextureToTexture2D(Texture texture)
{
    //当前活动的 RenderTexture 对象
    RenderTexture currentRT = RenderTexture.active;
    //获取一个临时的 RenderTexture 对象
    RenderTexture renderTexture = RenderTexture.GetTemporary(texture.width,
texture.height, 32);
    //复制 Texture 对象到 RenderTexture 对象中
    Graphics.Blit(texture, renderTexture);
    //将当前活动设置为临时的 RenderTexture 对象
    RenderTexture.active = renderTexture;
    //将当前活动的 RenderTexture 对象根据大小读取到 texture2D 对象中
    texture2D.ReadPixels(new Rect(0, 0, renderTexture.width, renderTexture.
height), 0, 0);
    //在读取完毕后，调用 Apply 函数
    texture2D.Apply();
    //还原当前活动的 RenderTexture 对象
    RenderTexture.active = currentRT;
    //将获取的临时 RenderTexture 对象释放
    RenderTexture.ReleaseTemporary(renderTexture);

    return texture2D;
}
}
```

注意：在获取某一帧的画面贴图后，借助 Unity 的 API 是无法直接将其转换为字节数据的，所以上述代码中提供了 TextureToTexture2D 函数，可以先将 texture 数据读取到 Texture2D 对象中，再调用 Texture2D 对象的 API 将其编码成图像字节数据。但是该方法并不适用于全平台设备，因为这个转换过程是异常消耗性能的，后文将给出解决这个问题的方案。

5.5　图像和视频压缩技术

在这个数据量爆炸的信息时代，为了便于进行网络传输或本地存储，需要对数据进行有效的压缩，否则对硬件成本、时间成本都是一种消耗。

以图像和视频压缩技术为代表的压缩技术，一直是各项相关科研工作的重点研究对象，目前已经有了很多成果及方案。

压缩技术越好，压缩后的质量越接近原图或原视频，占用的字节数越少。但在通常情况下，

需要根据使用的场景、硬件等选择合适的压缩技术。相信随着技术的发展，会有更多性能优异的压缩技术出现。

5.5.1　图像压缩

图像压缩技术主要用于对图像数据进行处理，从而减少表示数字图像时需要的数据量。

图像数据之所以能被压缩，是因为数据存在冗余。图像数据的冗余主要表现为图像中相邻像素间的相关性引起的空间冗余，图像序列中不同帧之间的相关性引起的时间冗余，不同彩色平面或频谱带的相关性引起的频谱冗余。数据压缩的目的是通过去除这些数据冗余，减少表示数据所需的比特数。由于图像数据量大，在存储、传输、处理时都非常困难，因此对图像数据进行压缩非常重要。

图像压缩可以是有损压缩，也可以是无损压缩。对于绘制的技术图、图表和漫画，优先使用无损压缩方法，因为有损压缩方法（尤其在较低的位速条件下）会导致压缩失真。对于医疗图像、用于存档的扫描图像等有价值的图像，也尽量使用无损压缩方法。有损压缩方法通常适合用于压缩自然的图像。例如，在一些应用程序中，图像的微小损失是可以接受的（有时是无法感知的），这种图像在压缩后，可以大幅降低位速。

利用无损压缩方法消除或减少的各种形式的冗余数据，可以在解压时重新恢复到原始数据中，因此，无损压缩是可逆过程，又称为无失真压缩。为了消除或减少冗余数据，通常需要使用信源的统计特性或建立信源的统计模型，因此许多实用的无损压缩技术均可以归结为统计编码方法。常用的统计编码方法有 Huffman 编码、算术编码、RLE（Run Length Encoding）等。统计编码技术在各种有损压缩方法中也有广泛的应用。

有损压缩方法压缩了熵，信息量会减少，而损失的信息量不能再恢复，因此有损压缩是不可逆过程。有损压缩主要有两类：特征提取和量化。特征提取的编码方法包括模型基编码、分形编码等。量化是有损压缩的基本形式，其优点是可以得到比无损压缩高得多的压缩比。有损压缩只能应用于允许一定程度失真的情况，如对图像、声音、视频等数据进行压缩。将无损压缩和有损压缩相结合，形成混合编码技术，它融合了各种不同的压缩编码技术，很多国际标准都采用混合编码技术，如 JPEG、MPEG 等标准。利用混合编码技术对自然景物的灰度图像进行压缩，一般可以压缩几倍到十几倍，对自然景物的彩色图像进行压缩，一般可以压缩几十倍甚至上百倍。

目前，图像压缩编码的相关国际标准主要包括 JPEG、JPEG2000、H.261、H.263、H.264/AVC、H.265/HEVC、MPEG-1、MPEG-2/H.262、MPEG-4、AVS、HEVC 等。

JPEG 标准是由 ISO 和 ITU-T 组织的联合摄影专家组（Joint Picture Expert Group）在 1991 年提出、用于压缩单帧彩色图像的静止图像压缩编码标准，在 2000 年年底联合摄影专家又制定了具有更高编码效率的静止图像压缩编码标准 JPEG2000。H.261 是由 ITU-T 为在窄带综合业务数字网（N-ISDN）上开展速率为 p*64kbit/s 的双向声像业务（如可视电话、视频会议）制定的全彩色实时视频图像压缩编码标准，其中 p 的取值范围为 1~30，因此 H.261 又被称为 p*64 标准。H.263 是由 ITU-T 制定的低比特率的视频图像编码标准，主要应用于 64kbit/s 及更低速率的应用，如可视电话和视频会议。H.264/AVC 是 ISO 图像专家组（MPEG）和 ITU-T 的视频编码专家组 VCEG 组成的联合视频组 JVT（Joint Video Team）于 2003 年指定的视频压缩编码标准，该标准不仅压缩比较高，还具有良好的网络适应能力，能够在恶劣的网络传输条件下提供较高的抗误码性能。

MPEG 标准是由 ISO 活动图像专家组（MPEG）制定的一系列运动图像压缩标准，MPEG-1 是为速率为 1~1.5Mbit/s 的数字声像信息的存储制定的，该标准通常用于提供录像质量（VHS）视频节目的光盘存储系统。MPEG-2/H.262 是由 ISO MPEG 和 ITU-T 于 1994 年共同制定发布的运动图像压缩标准，初衷是提供一个广播电视质量（CCIR 601 格式）的视频信号，后来该标准的适用范围不断扩大，成为能够对图像信号进行不同分辨率和不同输出比特率的编码的通用标准。事实上，ISO 活动图像专家组最初制定的一系列标准中有 MPEG-3，主要用于提供 HDTV 质量的视频信号，但因为后来 MPEG-2 的适用范围逐渐扩大，以至于能够支持 MPEG-3 的所有功能，所以 MPEG-3 被取消了。MPEG-4 是由 ISO MPEG 制定的，最初是一个应用于低码率（低于 64Kbit/s）应用的通用标准，计划采用第二代压缩编码方法，但因为第二代压缩算法还不够成熟，所以 MPEG-4 转而支持那些已有标准不能覆盖的应用，如交互式多媒体服务等。

AVS（Audio Video Standard）是由我国制定的视频编码国家标准，具有自主知识产权，该标准提出了一系列优化技术，能够以较低的编码复杂度实现与国际标准相当的技术性能。HEVC 又称为 H.265，是由 ISO MPEG 和 ITU-T VCEG 组成的联合视频编码组 JCT-VC（Joint Collaborative Team on Video Coding）制定的新的视频压缩国际标准，该标准旨在处理更高分辨率和更大尺寸的图像。

静止图像标准包括 JBIG 标准和 JPEG 标准，这里主要介绍一下 JPEG 标准。JPEG 算法包含 4 种运行模式：基于 DPCM 的无损压缩编码模式、基于 DCT 的顺序编码模式、基于 DCT 的累进编码模式和基于 DCT 的分层编码模式。JPEG 压缩编码算法的主要计算步骤如下。

（1）将每一个颜色分量的像素按照 8×8 的序列排好，每一个 8×8 的像素块都称为一个数据单元。每个数据单元都被分别压缩。如果图像的行或列不是 8 的整数倍，那么图像的底行或最右边的行，可以按照需要多次重复使用。

（2）对每个数据单元实行正向离散余弦变换（FDCT），产生一个 8×8 的频率分量。

（3）量化。

（4）Zigzag 扫描。

（5）使用差分脉冲编码调制（DPCM）对直流系数（DC）进行编码。

（6）使用行程长度编码（RLE）对交流系数（AC）进行编码。

（7）熵编码。

5.5.2 视频压缩

视频运动图像是由相继拍摄并存储的一幅幅单独的画面序列组成的，即一幅幅静止的图像，这些图像以一定的时间间隔或速率连续投射在屏幕上并播放。人眼的视觉暂留效应使观察者产生平滑和连续的动态画面的感觉。典型的帧率为 24～30 帧/秒，采用该帧率的图像看起来是连续的视频。

运动图像可以实现更高的压缩率，因为虽然运动图像中有许多动作，但与单个静止图像中拥有的巨大信息相比，在两幅相邻的静止图像间的差别一般是很小的。因此，与相邻静止图像的压缩算法相比，运动图像编码具有更广阔的压缩空间。

视频压缩技术比静态图像压缩技术更复杂，如具有代表性的 H.264 视频压缩技术。H.264 是由国际电信标准化部门 ITU-T 和规定 MPEG 的国际标准化组织 ISO/国际电工协会 IEC 共同制定的一种活动图像编码方式的国际标准格式，又称为 MPEG-4 AVC 或 MPEG-4 Part10。H.264 视频压缩技术主要采用以下几种方法对视频数据进行压缩。

- 帧内预测压缩：解决空域数据冗余问题。该帧中的数据，如宽、高、颜色、光亮等，有一些人眼不敏感的，可以删除掉的，称为空域冗余数据。
- 帧间预测压缩（运动估计与补偿）解决时域数据冗余问题。例如，一个摄像头获得了许多帧的数据，帧间的相关性是很强的，所以帧与帧之间会有许多可以删除的数据。
- 整数离散余弦变换（DCT），将空间上的相关性数据转换为与频域无关的数据，然后进行量化。
- CABAC 熵编码，对量化后的系数进行进一步压缩。

H.264 的技术优点如下。

- 低码流：最多可以节省 50%位速率，与 H.263v2（H.263+）或 MPEG-4 Simple Profile 相比，在相同编码最佳化的条件下，采用 H.264 数字编码技术最多可以节省 50%的位速率。
- 高质量视频图像：H.264 可以提供连续流畅的高质量视频图像（DVD 质量）。
- 很强的容错能力：H.264 可以提供解决在不稳定网络环境中容易发生的丢包等问题的必要工具。
- 网络适应性强：H.264 可以提供网络适应层（Network estimation/compensation），使 H.264 的文件可以轻易地在不同网络上传输。

 # 5.6 本章总结

本章对多媒体视频技术进行了简单的介绍，包括视频设备、视频权限、图像捕捉与视频捕捉、图像数字化、图像和视频压缩技术等。

视频数字化一直是专家学者的重点研究对象。本章在 Unity 中使用脚本对多媒体视频进行控制并将其数字化，希望读者对多媒体视频技术有一个基本的理解。在后续章节中将以此为基础进行更全面的扩充。

第6章　Unity 网络通信基础

6.1　引言

通常使用 Unity 开发的程序是单机版的，如果要加入网络互动，则需要引入 Unity 中的网络通信技术。本章主要介绍 Unity 网络通信基础。

目前，进行 Unity 网络通信的方案有以下几种。

- 使用 Unity 3D 内置的 Network 函数，采用 RPC（远程过程调用）的方式进行网络编程。
- 使用第三方的网络服务器构件，如 SmartFox、NetDog（C++）等。
- Unity 3D 支持插件开发，尤其 OSS 多人网络框架 MLAPI 加入了 Unity，很令人期待。
- 对于小规模的网络 I/O，可以查看 UnityWebRequest 对象，使用 HTTP 协议进行通信。

可以看出 Unity 对底层网络的封装与构建还不够完善，但是在逐步完善，相信以后会有一套适合 Unity 的功能比较全面的跨平台网络通信框架，并且以组件化方式提供给开发者们。

一般使用第 3 种方案，即使用插件开发，可以自己开发，也可以从 Unity 资源商店中获取。在实际开发过程中，需要根据实际情况选择合适的方案。

6.2　Unity 通信 API

6.2.1　通信 API 简介

如果要使用更全面、更接近底层的功能，则需要使用 Socket 的相关 API，但是搭建一套自己的通信框架有一定的难度，不能一蹴而就，需要对网络、通信、数据、Unity 的数据优化有一定的认识与见解，才可以开发出一套性能相对较高的通信框架。当软件承载量越来越大，达到几千、几万甚至几亿时，普通通信框架就会逐渐暴露出其在功能及性能方面的劣势。但如果只是访问网络上的文本、图片等，或者进行要求较低的局域网通信，使用 Unity 提供的 API 还是很容易实现的。

本节主要介绍在 Unity 中封装的与网络有关的 API，这些 API 主要集中在 UnityEngine.Networking 命名空间中。

6.2.2　简单的 HTTP 通信

首先看一下用于与 Web 服务器进行通信的 UnityWebRequest 类，该类主要用于处理与 Web 服务器的 HTTP 通信流。下载和上传数据分别需要使用 DownloadHandler 属性和 UploadHandler 属性。UnityWebRequest 类提供了一个模块化系统，用于构成 HTTP 请求和处理 HTTP 响应，该模块化系统的主要目标是让 Unity 游戏与 Web 浏览器后端进行交互。该模块化系统还支持高需求功能，如分块 HTTP 请求、流式 POST/PUT 操作、对 HTTP 标头和动词的完全控制。

UnityWebRequest 类的模块化系统支持大部分 Unity 平台。

- 所有版本的 Editor 和独立平台播放器。
- WebGL。
- 移动平台：iOS 平台和 Android 平台。
- 通用 Windows 平台。
- PS4 和 PSVita。
- XBOX ONE。
- Nintendo Switch。

下面展示一个下载网络图片并显示物体材质的示例，主要代码如下：

```csharp
using UnityEngine;
using UnityEngine.Networking;
using System.Collections;

/// <summary>
/// 下载网络图片示例
/// </summary>
public class UnityWebRequestExample : MonoBehaviour
{
    /// <summary>
    /// 在启动时执行
    /// </summary>
    void Start()
    {
        //协程调用获取
        //支持 HTTP/HTTPS 协议
        StartCoroutine(GetRequest("https://127.0.0.1/images/test.png"));
    }

    /// <summary>
    /// 获取网络贴图
    /// </summary>
    IEnumerator GetRequest(string uri)
    {
        //初始化 UnityWebRequest 对象
        using (UnityWebRequest webRequest = UnityWebRequest.Get(uri))
        {
            //DownloadHandler 类的子类，主要用于下载纹理图像对象
            DownloadHandlerTexture textureDH = new DownloadHandlerTexture(true);
            //请求的下载处理方式
            webRequest.downloadHandler = textureDH;
            //开始与远程服务器通信
            yield return webRequest.SendWebRequest();
            //请求成功
            if (webRequest.result == UnityWebRequest.Result.Success)
            {
                //将渲染材质贴图赋值为下载的贴图
```

```
                GetComponent<Renderer>().material.mainTexture = textureDH.texture;
            }
        }
    }
}
```

新建场景，添加一个立方体，并且将创建的脚本拖动到立方体上，运行程序并等待片刻，即可看到立方体已经应用了下载的贴图，如图 6-1 所示。

图 6-1

 TCP 通信

6.3.1　TCP 介绍

TCP（Transmission Control Protocol，传输控制协议）是一种面向连接的、可靠的、基于字节流的传输层通信协议，由 IETF 的 RFC 793 定义。TCP 注重传输的可靠性，确保数据不会丢失，可以在不可靠的互联网上提供可靠的端到端字节流，但速度较慢。

TCP 旨在适应支持多网络应用的分层协议层次结构。连接不同但互连的计算机通信网络的主计算机中的成对进程主要依靠 TCP 提供可靠的通信服务。TCP 假设数据连接可以从较低级别的协议获得简单、可能不可靠的数据报服务。在原则上，TCP 可以在从硬线连接到分组交换或电路交换网络的各种通信系统上操作。

互联网与单个网络有很大的不同，因为互联网的不同部分可能有截然不同的拓扑结构、带宽、延迟、数据包大小等。TCP 的设计目标是能够动态地适应互联网的这些特性，并且具备面对各种故障的健壮性。

当应用层向 TCP 层发送用于在网络之间传输的、用 8 位字节表示的数据流时，TCP 会将数据流分割成适当长度的报文段，最大报文段长度（MSS）通常受该计算机连接的网络中数据链路层的最大传输单元（MTU）限制。然后，TCP 会将数据包传送给 IP 层，IP 层会通过网络将数据包传送给接收端实体的 TCP 层。

TCP 为了保证报文传输的可靠性，会给每个数据包分配一个序号，用于保证传送到接收端实体的数据包可以按顺序被接收。然后接收端实体会对已成功接收的字节发回一个相应的确认（ACK）；如果发送端实体在合理的往返时延（RTT）内未收到确认请求，那么对应的数据（假设丢失了）会被重传。

在数据正确性与合法性方面，TCP 使用一个校验和函数检验数据是否有错误，在发送和接收时都要计算校验和；也可以使用 MD5 认证对数据进行加密。

在数据可靠性方面，采用超时重传和捎带确认机制。

在流量控制方面，采用滑动窗口协议，该协议规定，窗口内未经确认的分组需要重传。

在拥塞控制方面，采用广受好评的 TCP 拥塞控制算法（又称为 AIMD 算法），该算法主要包括 4 个主要部分。

- 慢启动。在建立一个 TCP 连接后，或者在一个 TCP 连接发生超时重传后，该连接便进入了慢启动阶段。在进入慢启动阶段后，TCP 实体会将拥塞窗口的大小初始化为一个报文段，即 cwnd=1。然后，每收到一个报文段的确认（ACK），都会使 cwnd 的值加 1，即拥塞窗口按指数增加。当 cwnd 的值超过慢启动阈值（ssthresh）或发生报文段丢失重传时，慢启动阶段结束。
- 拥塞避免。在慢启动阶段结束后，TCP 连接进入拥塞避免阶段。在拥塞避免阶段，在每次发送的 cwnd 个报文段被完全确认后，都会将 cwnd 的值加 1。在此阶段，cwnd 的值呈线性增加。
- 快速重传。快速重传是对超时重传的改进。当源端收到对同一个报文的 3 个重复确认请求时，即可确定该报文段已经丢失，需要立刻重传丢失的报文段，不必等到重传定时器（RTO）超时，从而减少不必要的等待时间。
- 快速恢复。快速恢复是对丢失恢复机制的改进。在快速重传丢失的报文段后，不经过慢启动阶段，直接进入拥塞避免阶段。在快速重传丢失的报文段后，设置 ssthresh=cwnd/2、ewnd=ssthresh+3。每收到一个重复确认请求，都会将 cwnd 的值加 1，直至收到对丢失的报文段及其后若干个报文段的累积确认请求，设置 cwnd=ssthresh，进入拥塞避免阶段。

6.3.2   TCP 通信原理

1. 建立连接

TCP 是因特网中的传输层协议，使用三次握手协议建立连接。在主动方发出 SYN 连接请求后，等待对方回答 SYN+ACK，并且对对方的 SYN 进行 ACK 确认。这种建立连接的方法可以防止产生错误的连接，TCP 使用的流量控制协议是大小可变的滑动窗口协议，如图 6-2 所示。

TCP 三次握手的过程如下。

（1）客户端发送 SYN（SEQ=x）报文给服务器端，进入 SYN_SEND 状态。

（2）服务器端收到 SYN 报文，回应一个 SYN（SEQ=y）ACK（ACK=x+1）报文，进入 SYN_RECV 状态。

（3）客户端收到服务器端的 SYN 报文，回应一个 ACK（ACK=y+1）报文，进入 Established 状态。

在三次握手完成后，TCP 客户端和服务器端成功地建立连接，可以开始传输数据了。

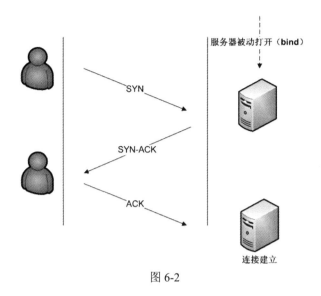

图 6-2

2．连接终止

建立一个连接需要进行三次握手，而终止一个连接要经过四次握手，这是由 TCP 的半关闭（half-close）特性造成的。四次握手的具体过程如图 6-3 所示。

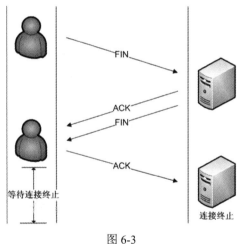

图 6-3

（1）某个应用程序进程首先调用 clos 函数，客户端执行主动关闭（Active Close）操作。该端的 TCP 会发送一个 FIN（FIN(ISH)为 TCP 报头的码位字段，该位置的数字为 1 表示发送方字节流结束，用于关闭连接）分节，表示数据发送完毕。

（2）接收这个 FIN 的对端执行被动关闭（Passive Close）操作，这个 FIN 由 TCP 确认。

需要注意的是，FIN 的接收也作为一个文件结束符（End of File）传递给接收端应用进程，放在已排队等候该应用进程接收的任何其他数据之后，因为 FIN 的接收意味着接收端应用进程在相应连接上再无额外数据可接收。

（3）在一段时间后，接收到这个文件结束符的应用进程会调用 close 函数关闭它的套接字，导致它的 TCP 也发送一个 FIN。

（4）接收最终 FIN 的原发送端 TCP（执行主动关闭操作的那一端）确认这个 FIN。

由于每个方向都需要一个 FIN 和一个 ACK，因此通常需要 4 个分节。

注意：

在某些情况下，步骤（1）的 FIN 随数据一起发送，步骤（2）和步骤（3）发送的分节都出自执行被动关闭操作那一端，有可能被合并成一个分节。

在步骤（2）与步骤（3）之间，数据从执行被动关闭操作的一端流动到执行主动关闭操作的一端是可能的，这种情况称为半关闭（Half Close）。

当一个 UNIX 进程无论是自愿地（调用 exit 函数或从 main 函数返回）还是非自愿地（收到一个终止本进程的信号）终止时，所有打开的描述符都会被关闭，但仍然打开的 TCP 连接上会发出一个 FIN。

无论是客户端，还是服务器端，都可以执行主动关闭操作。在通常情况下，客户端执行主动关闭操作，但是某些协议（如 HTTP/1.0）由服务器端执行主动关闭操作。

6.3.3　Unity 中基于 Socket 的高性能 TCP 通信实现——服务器端

在 Unity 中，可以使用 C#实现.NET API 的网络功能，如封装的 TcpClient、比较接近底层的 Socket 等。本节与下一节会介绍 Unity 中基于 Socket 的高性能 TCP 通信框架及其实现，包含 TCP 服务器端、TCP 客户端、心跳检测、消息处理中心、连接数限制等。本通信框架的文件架构如图 6-4 所示。

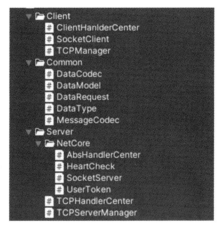

图 6-4

本节主要介绍服务器端的实现，服务器端的文件功能如下。

- TCPServerManager.cs：TCP 服务器端管理类。
- TCPHandlerCenter.cs：服务器端业务处理中心。
- UserToken.cs：客户端连接对象。
- SocketServer.cs：Socket 服务器端。
- HeartCheck.cs：心跳检测类。
- AbsHandlerCenter.cs：消息处理抽象类。
- MessageCodec.cs：消息的序列化/反序列化工具类。
- DataType.cs：消息类型类。

- DataRequest.cs：请求类型类。
- DataModel.cs：消息模型类。
- DataCodec.cs：序列化数据模型类。

1. TCPServerManager.cs

TCPServerManager.cs：TCP 服务器端管理类，主要负责网络连接的控制、初始化与销毁等，脚本可以挂载到物体上，以便设置组件的相关参数，如心跳时间、端口号、最大连接数等，也可以获取静态对象，使用其他脚本控制。该文件中的代码如下：

```csharp
using System.Collections.Generic;
using UnityEngine;

/// <summary>
/// TCP 服务器端管理类
/// </summary>
public class TCPServerManager : MonoBehaviour
{
    /// <summary>
    /// TCP 服务器端管理类的静态对象
    /// </summary>
    public static TCPServerManager Instance = null;
    /// <summary>
    /// 心跳超过多少秒算客户端连接超时
    /// </summary>
    public int clientOutTm = 15;
    /// <summary>
    /// 端口数
    /// </summary>
    public int Port = 8888;
    /// <summary>
    /// 最大连接数
    /// </summary>
    public int MaxClient = 5;

    //Socket 服务器端
    private SocketServer socketServer = null;
    //服务器端业务处理中心
    private TCPHandlerCenter TCPHandlerCenter = null;
    //心跳检测
    private HeartCheck heartCheck = null;
    //服务器端是否已开启
    private bool IsStart = false;

    /// <summary>
    /// 创建 TCP 服务器端管理类的静态对象
    /// </summary>
    private void Awake()
    {
        Instance = this;
```

```csharp
}
/// <summary>
/// 开启服务器
/// </summary>
void Start()
{
    if (!IsStart)
    {
        IsStart = true;
        TCPHandlerCenter = new TCPHandlerCenter(this);
        socketServer = new SocketServer(TCPHandlerCenter);

        //开启心跳检测线程
        heartCheck = new HeartCheck(socketServer, clientOutTm);
        socketServer.Start(MaxClient, Port);
    }
}
/// <summary>
///  关闭服务器
/// </summary>
void OnDestroy()
{
    if (IsStart)
    {
        IsStart = false;
        socketServer.Stop();
        heartCheck.Close();
    }
}


/// <summary>
/// 当客户端连接时
/// </summary>
/// <param name="token"></param>
internal void OnClientConnect(UserToken token)
{
    Debug.Log("客户端连接");
}
/// <summary>
/// 当客户端断开时
/// </summary>
internal void OnClientClose(UserToken token, string error)
{
    Debug.Log("客户端断开");
}
/// <summary>
/// 获取当前连接到服务器端的客户端列表
/// </summary>
/// <returns></returns>
public List<UserToken> GetClientList()
```

```
    {
        return socketServer.GetUserTokenList();
    }
}
```

2. TCPHandlerCenter.cs

TCPHandlerCenter.cs：服务器端业务处理中心，主要负责接收数据的拆包、业务连接等工作。该文件中的代码如下：

```
/// <summary>
/// 服务器端业务处理中心
/// </summary>
public class TCPHandlerCenter : AbsHandlerCenter
{
    //TCP 服务器端管理
    TCPServerManager tcpManager = null;
    //初始化服务器端业务处理中心
    public TCPHandlerCenter(TCPServerManager mgr)
    {
        tcpManager = mgr;
    }
    /// <summary>
    /// 关闭连接
    /// </summary>
    public override void ClientClose(UserToken token, string error)
    {
        tcpManager.OnClientClose(token, error);
    }
    /// <summary>
    /// 连接
    /// </summary>
    public override void ClientConnect(UserToken token)
    {
        tcpManager.OnClientConnect(token);
    }
    /// <summary>
    /// 数据接收处理
    /// </summary>
    /// <param name="token"></param>
    /// <param name="data">上一级已经提取出来的包体数据</param>
    public override void MessageReceive(UserToken token, byte[] data)
    {
        //反序列化收到的数据
        DataModel _model = DataCodec.Decode(data);

        switch (_model.Type)
        {
            case DataType.TYPE_NONE:
                break;
            case DataType.TYPE_XXX:
                HandlerXXXequest(token, _model);
```

```
            break;
        default:
            break;
        }
    }

    /// <summary>
    /// 业务处理分类
    /// </summary>
    private void HandlerXXXequest(UserToken token, DataModel model)
    {
        switch (model.Request)
        {
            case DataRequest.XXX_XXX:
                XXX_XXX(token, model);
                break;
            default:
                break;
        }
    }

    /// <summary>
    /// 业务处理
    /// </summary>
    private void XXX_XXX(UserToken token, DataModel model)
    {
        //TODO: 具体业务处理
    }
}
```

3. UserToken.cs

UserToken.cs：客户端连接对象，主要负责为每个连接用户都创建一个连接对象，完成连接对象的数据控制、发送等工作。该文件中的代码如下：

```
using System.Collections.Generic;
using System.Net.Sockets;
using System;

/// <summary>
/// 客户端连接对象
/// </summary>
public class UserToken
{
    //客户端Socket对象
    public Socket Client = null;
    /// <summary>
    /// 客户端连接时间，用于判断客户端是否连接异常
    /// </summary>
    public DateTime ConnectTime = new DateTime();
    /// <summary>
    /// 心跳时间
```

```
/// </summary>
public DateTime HeartTime = new DateTime();
/// <summary>
/// 缓冲区大小
/// 如果要发送的数据量较大，但是设置的缓冲区较小，那么发送时间会较长
/// 如果数据量较小，则将该值设置为 1 024
/// 如果数据量较大，如空间锚点有几 MB 或几十 MB，则将该值设置为 10 240
/// </summary>
private const int bufferSize = 8192;
/// <summary>
/// 用户 ID
/// </summary>
public int UserId = 0;
/// <summary>
/// 用户名
/// </summary>
public string UserName = "";
/// <summary>
/// 用户使用的设备类型
/// </summary>
public int UserDevice = 0;
/// <summary>
/// 判断连接对象是否正在被占用
/// 释放连接对象是需要时间的，需要先释放连接对象，才可以使用
/// </summary>
public bool IsUsing = false;
/// <summary>
/// 服务器端 Socket 对象
/// </summary>
SocketServer server = null;
/// <summary>
/// 消息处理对象
/// </summary>
AbsHandlerCenter ServerHandlerCenter;
/// <summary>
/// 接收数据的缓存区
/// </summary>
private List<byte> receiveBuffer = new List<byte>();
/// <summary>
/// 发送数据的缓存区
/// </summary>
private Queue<byte[]> sendBufferQueue = new Queue<byte[]>();
/// <summary>
/// 接收消息的异步对象
/// </summary>
private SocketAsyncEventArgs receiveSAEA = null;
/// <summary>
/// 向客户端发送数据的异步对象队列
/// </summary>
private Queue<SocketAsyncEventArgs> sendSAEAQueue = null;
```

```csharp
/// <summary>
/// 是否正在读取数据
/// </summary>
bool isReading = false;
/// <summary>
/// 是否正在发送数据
/// </summary>
bool isSending = false;
/// <summary>
/// 已创建的用于发送数据的异步对象数量
/// </summary>
int sendCount = 0;
/// <summary>
/// 最多有多少用于发送数据的异步对象数量
/// </summary>
int maxSend = 100;

/// <summary>
/// 构造函数
/// </summary>
/// <param name="server"></param>
/// <param name="ServerHandlerCenter"></param>
public UserToken(SocketServer server, AbsHandlerCenter ServerHandlerCenter)
{
    this.server = server;
    this.ServerHandlerCenter = ServerHandlerCenter;
    receiveSAEA = new SocketAsyncEventArgs();
    //在数据接收完毕后处理回调
    receiveSAEA.Completed += ReceiveSAEA_Completed;
    //设计接收数据的缓存区
    receiveSAEA.SetBuffer(new byte[bufferSize], 0, bufferSize);
    receiveSAEA.UserToken = this;
    sendSAEAQueue = new Queue<SocketAsyncEventArgs>();
}
/// <summary>
/// 异步接收数据完成的回调
/// </summary>
private void ReceiveSAEA_Completed(object sender, SocketAsyncEventArgs e)
{
    ProcessReceive(e);
}
/// <summary>
/// 开始接收数据
/// </summary>
public void StartReceive()
{
    if (Client == null)
    {
        return;
    }
```

```
    //开始接收数据
    //判断是否挂起，如果数据接收线程被挂起，则等待；如果数据接收线程没有被挂起，则直接处理
    if (!Client.ReceiveAsync(receiveSAEA))
    {
        //处理接收的数据
        ProcessReceive(receiveSAEA);
    }
}
/// <summary>
/// 处理实际接收的数据
/// </summary>
/// <param name="e"></param>
void ProcessReceive(SocketAsyncEventArgs e)
{
    if (e.SocketError == SocketError.Success && e.BytesTransferred > 0) //是否接收成功
    {
        byte[] _data = new byte[e.BytesTransferred];
        //将缓存区中的数据复制到自定义的 byte 数组中
        //（原始位置，原始偏移量，目标位置，目标偏移量，数据长度）
        Buffer.BlockCopy(e.Buffer, 0, _data, 0, e.BytesTransferred);

        /*更新接收状态*/

        //更新心跳时间
        HeartTime = DateTime.Now;
        //将数据加入缓存区
        receiveBuffer.AddRange(_data);
        //如果正在读取，则会自动进行递归处理；如果没有读取，则需要主动进行递归处理
        if (!isReading)
        {
            isReading = true;
            ReadData();
        }

        //继续接收数据
        StartReceive();
    }
    else //接收异常
    {
        //通知服务器端关闭这个客户端连接
        server.CloseClient(this, e.SocketError.ToString());
    }
}

/// <summary>
/// 读取缓存区中的数据
/// 在 TCP 运输层会自动处理粘包和分包
/// </summary>
void ReadData()
{
```

```
        try
        {
            //判断缓存区的长度
            //数据分包头和内容两部分，包头占 4 字节，主要用于记录内容的长度
            //如果小于或等于 4 字节，则说明这个数据只有包头或包头没接收完，后面的实际内容肯定没接收到
            //这种情况需要等待继续接收
            if (receiveBuffer.Count <= 4)
            {
                isReading = false;
                return;
            }

            //读取包头
            byte[] _lengthBytes = receiveBuffer.GetRange(0, 4).ToArray();
            //得到包头记录的内容长度
            int _length = BitConverter.ToInt32(_lengthBytes, 0);

            //如果内容的长度小于包头记录的内容应有的量，则说明接收的量还不够
            //这种情况需要等待继续接收
            if ((receiveBuffer.Count - 4) < _length)
            {
                isReading = false;
                return;
            }

            //读取内容
            byte[] _data = receiveBuffer.GetRange(4, _length).ToArray();

            //防止在移除时继续接收数据
            lock (receiveBuffer)
            {
                //从缓存区中将接收完的数据移除
                receiveBuffer.RemoveRange(0, 4 + _length);
            }

            //将接收的数据交给消息处理中心进行处理
            ServerHandlerCenter.MessageReceive(this, _data);

            //递归处理缓存数据
            ReadData();
        }
        catch (Exception ex)
        {
            //throw read data exception.
        }
    }

    /// <summary>
    /// 向客户端发送数据
    /// </summary>
```

```
/// <param name="data"></param>
public void Send(byte[] data)
{
    if (Client == null)
    {
        return;
    }

    if (data == null) { return; }

    //将要发送的数据放入要发送数据的缓存区队列
    sendBufferQueue.Enqueue(data);

    if (!isSending)
    {
        isSending = true;
        HandlerSend();
    }
}

/// <summary>
/// 处理数据发送
/// </summary>
void HandlerSend()
{
    try
    {
        //加锁，用于保证发送时的数据安全
        lock (sendBufferQueue)
        {
            //如果缓存区中的数据量为 0，则说明无数据需要发送
            if (sendBufferQueue.Count == 0)
            {
                isSending = false;
                return;
            }

            //获取用于发送数据的异步对象
            SocketAsyncEventArgs _send = GetSendSAEA();

            if (_send == null) { return; }

            //从要发送数据的缓存区中取出一条数据
            byte[] _data = sendBufferQueue.Dequeue();

            //通过异步对象设置数据
            _send.SetBuffer(_data, 0, _data.Length);

            //通过 Socket 对象发送数据
            //判断发送线程是否被挂起，如果没被挂起，则直接处理；如果被挂起，则等待
```

```
                if (!Client.SendAsync(_send))
                {
                    ProcessSend(_send);
                }
                HandlerSend();
            }
        }
    catch (Exception ex)
    {
        //throw send data exception.
    }
}


/// <summary>
/// 发送处理
/// </summary>
/// <param name="e"></param>
void ProcessSend(SocketAsyncEventArgs e)
{

    //Mgr_TCPServer.Instance.ServerDebug("服务器端处理发送");
    //Console.WriteLine("服务器端处理发送");
    //如果发送成功
    if (e.SocketError == SocketError.Success)
    {
        //回收异步对象
        sendSAEAQueue.Enqueue(e);
        HandlerSend();
    }
    else
    {
        //如果发送失败，则断开这个客户端与服务器端之间的连接
        server.CloseClient(this, e.SocketError.ToString());
    }
}


/// <summary>
/// 获取用于发送数据的异步对象
/// </summary>
/// <returns></returns>
SocketAsyncEventArgs GetSendSAEA()
{
    //如果队列中没有用于发送数据的异步对象，则创建一个，但是有上限
    if (sendSAEAQueue.Count == 0)
    {
        if (sendCount > maxSend)
        {
            return null;
        }
```

```
        SocketAsyncEventArgs _send = new SocketAsyncEventArgs();
        _send.Completed += send_Completed;
        _send.UserToken = this;
        sendCount++;
        return _send;
    }
    else
    {
        //如果队列中有用于发送数据的异步对象，则直接获取
        return sendSAEAQueue.Dequeue();
    }
}


/// <summary>
/// 异步发送完成的回调
/// </summary>
/// <param name="sender"></param>
/// <param name="e"></param>
private void send_Completed(object sender, SocketAsyncEventArgs e)
{
    ProcessSend(e);
}


/// <summary>
/// 关闭客户端连接
/// </summary>
public void Close()
{
    IsUsing = false;
    sendBufferQueue.Clear();
    receiveBuffer.Clear();
    isReading = false;
    isSending = false;

    try
    {
        Client.Shutdown(SocketShutdown.Both);
        Client.Close();
        Client = null;
    }
    catch (Exception e)
    {
        //关闭异常处理
    }
}
}
```

4．SocketServer.cs

SocketServer.cs：Socket 服务器端，主要用于创建服务器 Socket 监听、异步接收数据和控制服务器。该文件中的代码如下：

```
using System;
using System.Collections.Generic;
using System.Net;
using System.Net.Sockets;
using System.Threading;

/// <summary>
/// Socket 服务器端
/// </summary>
public class SocketServer
{
    //服务器端 Socket 对象
    Socket server = null;
    /// <summary>
    /// 最大连接数
    /// </summary>
    int maxClient = 10;
    /// <summary>
    /// 客户端对象池
    /// 使用队列，因为队列是一个要求先进先出的集合
    /// </summary>
    Queue<UserToken> userTokenPool = null;
    /// <summary>
    /// 当前连接的客户端连接对象集合
    /// </summary>
    List<UserToken> userTokenList = new List<UserToken>();
    /// <summary>
    /// 当前的客户端连接数量
    /// </summary>
    int count = 0;
    /// <summary>
    /// 服务器给客户端分配的 ID
    /// </summary>
    int userIDIndex = 0;
    /// <summary>
    /// 连接信号量
    /// NET 中的信号量（Semaphore）是操作系统维持的一个整数
    /// 当整数为 0 时，其他线程无法进入；当整数大于 0 时，其他线程可以进入
    /// 每进入一个线程，都使整数-1；每退出一个线程，都使整数+1
    /// 整数不能超过信号量的最大请求数
    /// 信号量在初始化时可以指定这个整数的初始值
    /// </summary>
    Semaphore acceptClientSemphore = null;
    /// <summary>
    /// 消息处理中心
    /// </summary>
    AbsHandlerCenter ServerHandlerCenter = null;

    /// <summary>
    /// 构造函数
```

```
        /// </summary>
    public SocketServer(AbsHandlerCenter center)
    {
        ServerHandlerCenter = center;
        server = new Socket(AddressFamily.InterNetwork, SocketType.Stream,
ProtocolType.Tcp);
    }
    /// <summary>
    /// 获取用户列表
    /// </summary>
    /// <returns></returns>
    public List<UserToken> GetUserTokenList()
    {
        return userTokenList;
    }
    /// <summary>
    /// 启动服务器
    /// </summary>
    /// <param name="max">最大连接数</param>
    /// <param name="port">监听端口</param>
    public void Start(int max, int port)
    {
        //初始化最大连接数
        maxClient = max;
        //初始化客户端对象池
        userTokenPool = new Queue<UserToken>(maxClient);
        //初始化信号量对象
        acceptClientSemphore = new Semaphore(maxClient, maxClient);

        //预先将客户端连接对象初始化
        for (int i = 0; i < maxClient; i++)
        {
            //客户端连接对象
            UserToken _token = new UserToken(this, ServerHandlerCenter);
            //对象入池
            userTokenPool.Enqueue(_token);
        }

        //绑定 IP 地址、端口号
        server.Bind(new IPEndPoint(IPAddress.Any, port));
        //同时监听连接数
        server.Listen(2);
        //开始异步接收
        StartAccept(null);
    }

    /// <summary>
    /// 停止连接
    /// </summary>
    public void Stop()
```

```
{
    try
    {
        //将所有连接的客户端断开连接
        for (int i = 0; i < userTokenList.Count; i++)
        {
            userTokenList[i].Close();
        }
        userTokenList.Clear();
        userTokenPool.Clear();
        server.Close();
        server = null;
    }
    catch (Exception e)
    {
        Console.WriteLine("stop server error:" + e.Message);
    }
}


/// <summary>
/// 开始异步接收客户端连接
/// </summary>
/// <param name="e"></param>
void StartAccept(SocketAsyncEventArgs e)
{
    if (e == null)
    {
        e = new SocketAsyncEventArgs();

        //在进行异步接收时，会有一个挂起操作，查看是否挂起，如果挂起，则在回调完成后再处理；如
果已完成，则直接处理
        //注册回调事件
        e.Completed += AcceptCompleted;
    }
    else
    {
        e.AcceptSocket = null;
    }

    //异步接收
    //如果值为false，则说明没有挂起，立即完成了，直接处理
    //如果值为true，则说明当前处于挂起状态
    if (!server.AcceptAsync(e))
    {
        ProcessAccept(e);
    }
}


/// <summary>
/// 异步连接完成的回调
```

```
/// 如果之前接收被挂起，则挂起被完成后执行这个委托内容，委托内容是实际异步接收
/// </summary>
/// <param name="sender"></param>
/// <param name="e"></param>
private void AcceptCompleted(object sender, SocketAsyncEventArgs e)
{
    ProcessAccept(e);
}


/// <summary>
/// 实际异步接收，处理客户端连接
/// </summary>
/// <param name="e"></param>
void ProcessAccept(SocketAsyncEventArgs e)
{
    //Socket 服务器端对象不能为空
    if (server == null)
    {
        return;
    }
    //判断连接是否超过最大连接数
    if (count >= maxClient)
    {
        Console.WriteLine("accept client is full,waitting...");
    }


    //信号量减一
    acceptClientSemphore.WaitOne();
    //线程锁(引用值,增加量)每次都让记录当前连接数的 count+1，但是使用线程锁的方式
    Interlocked.Add(ref count, 1);
    //从连接对象池队列中取出一个 token
    UserToken _token = userTokenPool.Dequeue();

    _token.IsUsing = true;
    _token.Client = e.AcceptSocket;
    //设置连接时间
    _token.ConnectTime = DateTime.Now;
    //设置心跳时间
    _token.HeartTime = DateTime.Now;
    //分配一个用户 ID
    _token.UserId = userIDIndex++;
    //将用户名设置为客户端的 IP 地址
    _token.UserName = "Temp" + _token.Client.RemoteEndPoint;
    //添加到连接列表
    userTokenList.Add(_token);

    //通知消息处理中心有客户端连接进来
    ServerHandlerCenter.ClientConnect(_token);

    //客户端连接对象开始接收客户端消息
```

```
        _token.StartReceive();

        //在处理完成后，再次开始接收客户端连接
        StartAccept(e);
    }

    /// <summary>
    /// 客户端断开连接
    /// </summary>
    /// <param name="token"></param>
    public void CloseClient(UserToken token, string error)
    {
        try
        {
            //在因意外情况断开连接后，防止因通信机制问题导致连接反复断开
            if (!token.IsUsing || token.Client == null)
            {
                return;
            }
            //通知消息处理中心有客户端断开
            ServerHandlerCenter.ClientClose(token, error);
            //关闭客户端连接
            token.Close();
            //从列表中移除
            userTokenList.Remove(token);
            //信号量加一
            acceptClientSemphore.Release();
            //向连接对象池队列中放入一个token
            userTokenPool.Enqueue(token);
            //线程锁(引用值,增加量)每次都让记录当前连接数的count-1，但是使用线程锁的方式
            Interlocked.Add(ref count, -1);
        }
        catch (Exception ex)
        {
            //throw a exception.
        }
    }
}
```

5. HeartCheck.cs

HeartCheck.cs：心跳检测类，主要用于为异常网络断开提供保障，从而防止在网络断开后，数据继续转发，造成网络性能浪费。该文件中的代码如下：

```
using System;
using System.Collections.Generic;
using System.Threading;

/// <summary>
/// 心跳检测类
/// </summary>
public class HeartCheck
```

```
{
    //服务器端 Socket 对象
    SocketServer socketServer = null;
    //判断心跳超时的标准
    int heartOutTime = 0;
    //开启新线程，用于进行心跳检测
    Thread heartThread = null;

    /// <summary>
    /// 心跳检测构造函数
    /// </summary>
    public HeartCheck(SocketServer server, int time)
    {
        socketServer = server;
        heartOutTime = time;

        heartThread = new Thread(StartHeartThread);
        heartThread.Start();
    }


    /// <summary>
    /// 开始进行心跳检测
    /// </summary>
    void StartHeartThread()
    {
        //当线程处于激活状态时
        while (heartThread.IsAlive)
        {
            /*检查所有的客户端连接对象*/
            List<UserToken> _users = socketServer.GetUserTokenList();

            for (int i = 0; i < _users.Count; i++)
            {
                //查看与上次心跳时间之间的间隔是否超出了规定时间
                //TotalSeconds 将时间都转化为秒
                if ((DateTime.Now - _users[i].HeartTime).TotalSeconds > heartOutTime)
                {
                    socketServer.CloseClient(_users[i], "heart out time");
                }
            }

            //在每次检测后都休眠 1 秒
            Thread.Sleep(1000);
        }
    }


    /// <summary>
    /// 关闭心跳检测线程
    /// 在关闭服务器时，将这个线程一并关闭
    /// </summary>
```

```
public void Close()
{
    try
    {
        heartThread.Abort();
    }
    catch { }
}
}
```

6．AbsHandlerCenter.cs

AbsHandlerCenter.cs：消息处理抽象类，主要用于定义消息处理方法，后面的消息处理类要继承并重写该类中定义的方法。该文件中的代码如下：

```
using System.Collections;
/// <summary>
/// 消息处理抽象类
/// </summary>
public abstract class AbsHandlerCenter
{
    /// <summary>
    /// 客户端连接
    /// </summary>
    /// <param name="token"></param>
    public abstract void ClientConnect(UserToken token);


    /// <summary>
    /// 客户端断开连接
    /// </summary>
    /// <param name="token"></param>
    /// <param name="error"></param>
    public abstract void ClientClose(UserToken token, string error);


    /// <summary>
    /// 接收消息
    /// </summary>
    /// <param name="token"></param>
    /// <param name="data"></param>
    public abstract void MessageReceive(UserToken token, byte[] data);
}
```

7．MessageCodec.cs

MessageCodec.cs：消息的序列化/反序列化工具类，主要用于实现对象与数据流的动态转换。该文件中的代码如下：

```
using System;
using System.IO;
using System.Reflection;
using System.Runtime.Serialization;
using System.Runtime.Serialization.Formatters.Binary;
```

```
/// <summary>
/// 消息的序列化/反序列化工具类
/// </summary>
public static class MessageCodec
{
    /// <summary>
    /// 将消息序列化
    /// 将对象转换为字节数组
    /// </summary>
    /// <typeparam name="T"></typeparam>
    /// <param name="t"></param>
    /// <returns></returns>
    public static byte[] ObjectToBytes<T>(T t) {

        if (t==null)
        {
            return null;
        }

        BinaryFormatter formatter = new BinaryFormatter();
        MemoryStream stream = new MemoryStream();

        formatter.Serialize(stream,t);

        return stream.ToArray();
    }

    /// <summary>
    /// 将消息反序列化
    /// 将字节数组转换为具体的对象
    /// </summary>
    /// <typeparam name="T"></typeparam>
    /// <param name="data"></param>
    /// <returns></returns>
    public static T BytesToObject<T>(byte[] data) {

        if (data==null)
        {
            return default(T);
        }

        BinaryFormatter formatter = new BinaryFormatter();
        MemoryStream stream = new MemoryStream(data);

        return (T)formatter.Deserialize(stream);
    }
}
```

8．DataType.cs

DataType.cs：消息类型类，是为了规范与区分不同的消息而建立的类，主要用于明确发送与接收的数据。该文件中的代码如下：

```csharp
using System.Collections;
using System.Collections.Generic;

/// <summary>
/// 消息类型类
/// 对应 DataModel 类中的 type
/// </summary>
public class DataType
{
    /// <summary>
    /// 用于发送心跳包的类型
    /// </summary>
    public const byte TYPE_NONE = 0;

    /// <summary>
    /// 需要服务器处理并返回数据的类型
    /// </summary>
    public const byte TYPE_MR = 1;

    /// <summary>
    /// 只需要服务器转发的类型
    /// </summary>
    public const byte TYPE_BROADCAST = 2;

    /// <summary>
    /// 服务器 xxx 业务类型
    /// </summary>
    public const byte TYPE_XXX = 3;
}
```

9．DataRequest.cs

DataRequest.cs：请求类型类，也是为了规范与区分不同的消息而建立的类，主要用于明确发送与接收的具体功能。该文件中的代码如下：

```csharp
/// <summary>
/// 请求类型类
/// 对应 DataModel 中的 request
/// </summary>
public class DataRequest
{
    /* 不同类型的请求，序号可以重复，因为不同消息类型的请求是独立解析的 */

    #region 需要服务器转发的消息

    /// <summary>
    /// 将数据转发给所有客户端
    /// </summary>
    public const byte BROADCAST_ALL = 1;
```

```
/// <summary>
/// 将数据转发给除自己外的所有客户端
/// </summary>
public const byte BROADCAST_OTHER = 2;


/// <summary>
/// 将数据转发给特定 ID 的客户端
/// </summary>
public const byte BROADCAST_BYID = 3;


#endregion


#region 需要服务器处理的消息
/// <summary>
/// 业务 XXX
/// </summary>
public const byte XXX_XXX = 1;


#endregion
}
```

10．DataModel.cs

DataModel.cs：消息模型类，主要用于为类型提供简单的封装，便于维护与访问，在发送与接收数据时都会用到该类。该文件中的代码如下：

```
/// <summary>
/// 消息模型类
/// </summary>
public class DataModel
{
    /// <summary>
    /// 类型
    /// 如数据库相关操作、匹配操作
    /// </summary>
    public byte Type { get; set; }

    /// <summary>
    /// 请求
    /// 如登录、退出
    /// </summary>
    public byte Request { get; set; }

    /// <summary>
    /// 数据内容
    /// 如账号、密码
    /// </summary>
    public byte[] Message { get; set; }

    /// <summary>
    /// 消息模型构造函数
    /// </summary>
```

```
    /// <param name="type"></param>
    /// <param name="request"></param>
    /// <param name="message"></param>
    public DataModel(byte type, byte request, byte[] message = null)
    {
        Type = type;
        Request = request;
        Message = message;
    }
    /// <summary>
    /// 默认的构造函数
    /// </summary>
    public DataModel() { }
}
```

11．DataCodec.cs

DataCodec.cs：序列化数据模型类，主要用于对数据进行封装与拆装，对数据包头、数据类型等进行处理。该文件中的代码如下：

```
using System;

/// <summary>
/// 序列化数据模型类
/// </summary>
public static class DataCodec
{
    /// <summary>
    /// 序列化
    /// </summary>
    /// <param name=""></param>
    /// <returns></returns>
    public static byte[] Encode(DataModel model)
    {
        //如果 model.Message 为空，那么将 _messageLength 的值设置为 0
        //如果 model.Message 不为空，那么将 _messageLength 的值设置为 model.Message.Length 的值
        int _messageLength = model.Message == null ? 0 : model.Message.Length;

        //整个要发送的数据
        //因为该通信框架中的数据模型分为 3 层，前两层都只有 1 字节，
        //所以将前两字节长度加消息内容长度作为包体，
        //而包头有 4 字节，所以再加 4
        byte[] _fullData = new byte[2 + _messageLength + 4];

        //将包头转换为字节数组
        byte[] _lengthByte = BitConverter.GetBytes(2 + _messageLength);

        //将数据模型中的类型和请求转换为字节数组
        byte[] _trData = new byte[] { model.Type, model.Request };

        //复制包头
        //合并参数(复制源,复制源索引,复制目标,复制目标索引,复制长度)
```

```
    Array.Copy(_lengthByte, 0, _fullData, 0, _lengthByte.Length);

    //复制类型
    Array.Copy(_trData, 0, _fullData, 4, _trData.Length);

    //如果数据内容不为空
    if (model.Message != null)
    {
        //复制数据内容
        Array.Copy(model.Message, 0, _fullData, 6, _messageLength);
    }

    return _fullData;
}

/// <summary>
/// 反序列化
/// </summary>
/// <param name="data"></param>
/// <returns></returns>
public static DataModel Decode(byte[] data)
{
    /*在接收时没有包头*/
    DataModel _model = new DataModel();
    //消息类型
    _model.Type = data[0];
    //消息请求
    _model.Request = data[1];
    //查看数据模型中是否有数据内容，如果有，那么将其取出
    if (data.Length > 2)
    {
        byte[] _message = new byte[data.Length - 2];
        Array.Copy(data, 2, _message, 0, data.Length - 2);

        _model.Message = _message;
    }

    return _model;
}
}
```

在以上文件创建完成后，即可创建场景，添加空物体并给其添加 TCPServerManager 脚本，可以在 Unity 的 Inspector 窗口中设置超时时间、监听端口与最大连接数，如图 6-5 所示。在设置完成后运行程序，即可启动一个 TCP 服务器端。

图 6-5

6.3.4　Unity 中基于 Socket 的高性能 TCP 通信实现——客户端

本节主要介绍客户端的实现，部分文件及方法与服务器端的实现是一致的，如 Common 文件夹中的文件，客户端的文件功能如下。

- TCPManager.cs：TCP 管理类。
- SocketClient.cs：Socket 客户端。
- ClientHandlerCenter.cs：处理客户端事务的中心。

1. TCPManager.cs

TCPManager.cs：TCP 管理类，主要用于设置服务器连接的相关参数，也可以在其他脚本中通过静态对象进行控制。该文件中的代码如下：

```
using System;
using System.Collections;
using System.Collections.Generic;
using System.Net;
using UnityEngine;

/// <summary>
/// TCP 管理类
/// </summary>
public class TCPManager : MonoBehaviour
{
    #region Properties
    //TCP 管理类的静态对象
    public static TCPManager Instance = null;
    //Socket 客户端
    public SocketClient client = null;
    //服务器 IP
    public string IP = "";
    //服务器端口
    public int Port = -1;

    /// <summary>
    /// 在保存 IP 时使用的 Key 值
    /// </summary>
    public string IPKey = "IPKey";
    /// <summary>
    /// 用户 ID
    /// </summary>
    public int UserId = 0;
    //是否断开
    bool isOnDisconnect = false;
    //是否连接
    bool isOnConnect = false;
    /// <summary>
    /// 连接成功时的回调
    /// </summary>
```

```csharp
public Action<bool> OnConnectResultAction = null;
/// <summary>
/// 断开连接时的回调
/// </summary>
public Action OnDisconnectAction = null;
/// <summary>
/// 连接结果
/// </summary>
bool connectResult = false;
/// <summary>
/// 是否自动连接
/// </summary>
public bool isAutoConnect = true;
/// <summary>
/// 如果开启了自动连接功能，那么设置每隔多少秒检测一次是否需要自动连接
/// </summary>
public int AutoConnectTm = 5;

/// <summary>
/// 存储已收到的数据
/// </summary>
public Queue<byte[]> ReceiveDataQueue = new Queue<byte[]>();
/// <summary>
/// 是否正在连接
/// </summary>
public bool IsConnected
{
    get
    {
        return client.Connected();
    }
}

#endregion

#region Unity Message
/// <summary>
/// 初始化
/// </summary>
private void Awake()
{
    Instance = this;
    Init();
}
/// <summary>
/// 开启自动连接功能
/// </summary>
IEnumerator Start()
{
    if (isAutoConnect)
```

```csharp
    {
        //协程调用自动连接函数
        StartCoroutine(AutoConnect());
    }

    yield return new WaitForSeconds(1.5f);

    ConnectServer();
}
/// <summary>
/// 不断判断并执行连接与断开事件
/// </summary>
private void Update()
{
    //是否断开连接
    if (isOnDisconnect)
    {
        isOnDisconnect = false;
        OnDisconnectAction?.Invoke();
    }
    //是否已连接上
    if (isOnConnect)
    {
        isOnConnect = false;
        OnConnectResultAction?.Invoke(connectResult);
    }
}


/// <summary>
/// 结束连接
/// </summary>
private void OnDestroy()
{
    DisConnect();
}


#endregion

#region Tcp Client

/// <summary>
/// 实例化客户端连接
/// </summary>
public void Init()
{
    client = new SocketClient();
    client.OnConnect += onConnect;
    client.OnDisconnect += onDisconnect;
    client.OnReceiveData += onReceiveData;
}
```

```
/// <summary>
/// 连接服务器
/// </summary>
public void ConnectServer()
{
    /*检测 IP 格式是否正确*/
    IPAddress _ipAddress = null;
    if (!IPAddress.TryParse(IP, out _ipAddress) || Port > 65535 || Port < 0)
    {
        Debug.Log("IP 或端口的格式错误");

        return;
    }
    //调用客户端连接函数
    client.ConnectServer(IP, Port);
}


/// <summary>
/// 断开服务器端
/// </summary>
public void DisConnect()
{
    Debug.Log("主动断开服务器端");
    client.Close();
}


/// <summary>
/// 发送消息
/// </summary>
public void Send(DataModel model)
{
    //如果处于连接状态，则允许发送
    if (client.Connected())
    {
        client.Send(DataCodec.Encode(model));

    }
    else
    {
        //如果没有处于连接状态，则不能发送
        Debug.Log("offline");
    }
}


/// <summary>
/// 有连接结果时要做的处理
/// </summary>
private void onConnect(bool result)
{
```

```
        Debug.Log("Tcp onConnect: " + result);

        connectResult = result;
        isOnConnect = true;

        if (result)
        {
            //在连接成功时，存储这个服务器 IP
            PlayerPrefs.SetString(IPKey, IP);
            PlayerPrefs.Save();

            //开始发送心跳包
            StartCoroutine(sendHeart());
        }
    }

    /// <summary>
    /// 发送心跳包，防止与服务器断开
    /// </summary>
    /// <returns></returns>
    IEnumerator sendHeart()
    {
        Debug.Log("开始发送心跳包");

        while (client.Connected())
        {
            Send(new DataModel());

            yield return new WaitForSeconds(2f);
        }

        Debug.Log("结束发送心跳包");
    }

    /// <summary>
    /// 有断开结果时要进行的处理
    /// </summary>
    private void onDisconnect()
    {
        Debug.Log("onDisconnect");
        isOnDisconnect = true;
    }

    /// <summary>
    /// 有接收结果时要进行的处理
    /// 异步回调只能处理 Unity 主线程之外的
    /// 需要先存在一个队列中，然后在 Update 中调这个队列进行处理
    /// </summary>
    private void onReceiveData(byte[] data)
    {
```

```
        lock (ReceiveDataQueue)
        {
            ReceiveDataQueue.Enqueue(data);
        }
    }

    /// <summary>
    /// 检测服务器是否处于断开状态，如果处于断开状态，则自动连接
    /// </summary>
    /// <returns></returns>
    IEnumerator AutoConnect()
    {
        while (true)
        {
            //暂停指定时间
            yield return new WaitForSeconds(AutoConnectTm);
            //如果掉线，则开启连接功能
            if (!client.Connected())
            {
                ConnectServer();
            }
        }
    }

    #endregion
}
```

2. SocketClient.cs

SocketClient.cs：Socket 客户端，主要用于完成对服务器的访问连接、数据接收与发送等功能。该文件中的代码如下：

```
using System;
using System.Collections.Generic;
using System.Net;
using System.Net.Sockets;
using System.Threading;

/// <summary>
/// Socket 客户端
/// </summary>
public class SocketClient
{
    /// <summary>
    /// 客户端 Socket 对象
    /// </summary>
    Socket client = null;
    /// <summary>
    /// 线程控制
    /// </summary>
    AutoResetEvent connectAutoResetEvent = null;
    /// <summary>
```

```
/// 客户端接收数据的异步对象
/// </summary>
private SocketAsyncEventArgs receiveSAEA = null;
/// <summary>
/// 缓冲区大小
/// 如果要发送的数据量较大，但是设置的缓冲区比较小，那么发送时间会比较长
/// 如果数据量较小，则将该值设置为 1 024
/// 如果数据量较大，如空间锚点有几 MB 或几十 MB，则将该值设置为 10 240
/// </summary>
private const int bufferSize = 8192;
/// <summary>
/// 连接服务器时的阻塞线程时间
/// 阻塞是为了等待连接结果，提前连接成功可以释放这个阻塞
/// </summary>
private const int connectWaitTm = 2000;
/// <summary>
/// 接收数据的缓存区
/// </summary>
List<byte> receiveBuffer = new List<byte>();
/// <summary>
/// 发送数据的缓存区队列
/// </summary>
Queue<byte[]> sendBufferQueue = new Queue<byte[]>();
/// <summary>
/// 向服务器发送数据的异步对象队列
/// </summary>
public Queue<SocketAsyncEventArgs> sendSAEAQueue = new Queue<
SocketAsyncEventArgs>();

/// <summary>
/// 是否正在读取数据
/// </summary>
bool isReading = false;
/// <summary>
/// 是否正在发送数据
/// </summary>
bool isSending = false;
/// <summary>
/// 已创建用于发送数据的异步对象数量
/// </summary>
int sendCount = 0;
/// <summary>
/// 最多有多少用于发送数据的异步对象
/// </summary>
int maxSend = 100;
/// <summary>
/// 连接服务器后的委托
/// </summary>
/// <param name="result"></param>
public delegate void ConnectDg(bool result);
```

```csharp
public ConnectDg OnConnect;

/// <summary>
/// 断开服务器后的委托
/// </summary>
/// <param name="result"></param>
public delegate void DisconnectDg();
public DisconnectDg OnDisconnect;

/// <summary>
/// 接收服务器数据的委托
/// </summary>
/// <param name="data"></param>
public delegate void ReceiveDataDg(byte[] data);
public ReceiveDataDg OnReceiveData;

/// <summary>
/// 客户端连接服务器
/// </summary>
/// <param name="ip"></param>
/// <param name="port"></param>
public void ConnectServer(string ip, int port)
{
    //多次连接会报异常
    //如果已经连接了，则直接返回
    if (Connected())
    {
        return;
    }

    IPEndPoint endPoint = new IPEndPoint(IPAddress.Parse(ip), port);
    client = new Socket(endPoint.AddressFamily, SocketType.Stream, ProtocolType.
Tcp);
    //线程同步
    connectAutoResetEvent = new AutoResetEvent(false);

    SocketAsyncEventArgs e = new SocketAsyncEventArgs();

    e.UserToken = client;
    e.RemoteEndPoint = endPoint;

    //注册连接，完成委托
    e.Completed += Connect_Completed;

    client.ConnectAsync(e);

    //阻塞主线程，等待连接结果，默认等待 2000 毫秒
    //如果提前完成，则可以提前释放，此处是在连接完成委托里执行
    connectAutoResetEvent.WaitOne(connectWaitTm);
```

```csharp
        //回调
        //主要用于处理连接结果，参数的数据类型为bool，失败或成功都有对应的处理方式
        //在后面加问号，用于判断这个委托是否为空，如果为空，则不调用
        OnConnect?.Invoke(Connected());

        //如果连接成功，则进行异步数据接收
        if (Connected())
        {
            receiveSAEA = new SocketAsyncEventArgs();
            receiveSAEA.RemoteEndPoint = endPoint;
            receiveSAEA.Completed += ReceiveAsync_Completed;

            //设置数据接收缓冲区
            byte[] buffer = new byte[bufferSize];
            receiveSAEA.SetBuffer(buffer, 0, buffer.Length); //0是偏移量

            //开始异步接收数据
            StartReceive();
        }
    }

    /// <summary>
    /// 开始异步接收服务器发来的数据
    /// </summary>
    public void StartReceive()
    {
        //异步接收数据
        //如果没有挂起，则直接处理；如果挂起了，则等待，在完成后处理
        if (!client.ReceiveAsync(receiveSAEA))
        {
            ProcessReceive(receiveSAEA);
        }
    }

    /// <summary>
    /// 异步接收完成的回调
    /// </summary>
    /// <param name="sender"></param>
    /// <param name="e"></param>
    private void ReceiveAsync_Completed(object sender, SocketAsyncEventArgs e)
    {
        ProcessReceive(e);
    }

    /// <summary>
    /// 判断是否连接成功
    /// </summary>
    /// <returns></returns>
    public bool Connected()
    {
```

```csharp
    if (client == null)
    {
        return false;
    }

    //返回连接结果
    return client.Connected;
}


/// <summary>
/// 在连接完成后要执行的内容
/// </summary>
/// <param name="sender"></param>
/// <param name="e"></param>
private void Connect_Completed(object sender, SocketAsyncEventArgs e)
{
    //如果提前完成连接，则释放这个阻塞的线程
    connectAutoResetEvent.Set();
}


/// <summary>
/// 实际处理接收到的数据
/// </summary>
/// <param name="e"></param>
void ProcessReceive(SocketAsyncEventArgs e)
{
    //是否接收成功
    if (e.SocketError == SocketError.Success && e.BytesTransferred > 0)
    {
        byte[] _data = new byte[e.BytesTransferred];
        //将缓存区中的数据复制到自定义的byte数组中
        //(原始位置,原始偏移量,目标位置,目标偏移量,数据长度)
        Buffer.BlockCopy(e.Buffer, 0, _data, 0, e.BytesTransferred);
        //将数据加入缓存区
        receiveBuffer.AddRange(_data);
        //如果正在读取，则会自动进行递归处理；如果没有读取，则需要主动进行递归处理
        if (!isReading)
        {
            isReading = true;
            ReadData();
        }

        //继续接收数据
        StartReceive();
    }
    else
    {
        //断开连接
        Close();
    }
```

```
    }

    /// <summary>
    /// 读取缓存区中的数据
    /// 粘包和分包在 TCP 运输层中会自动处理
    /// </summary>
    void ReadData()
    {
        //判断缓存区长度
        //因为数据分包头和内容两部分，包头占 4 字节，主要用于记录内容的长度
        //如果小于或等于 4 字节，则该数据中只有包头或连包头都没接收完，后面的实际内容肯定没接收到
        //这种情况需要等待继续接收
        if (receiveBuffer.Count <= 4)
        {
            isReading = false;
            return;
        }

        //读取包头
        byte[] _lengthBytes = receiveBuffer.GetRange(0, 4).ToArray();
        //得到包头记录的内容长度
        int _length = BitConverter.ToInt32(_lengthBytes, 0);

        //如果内容的长度小于包头记录的内容应有的量，则说明接收的量还不够
        //这种情况也需要等待继续接收
        if ((receiveBuffer.Count - 4) < _length)
        {
            isReading = false;
            return;
        }

        //读取内容
        byte[] _data = receiveBuffer.GetRange(4, _length).ToArray();

        //防止在移除时继续接收
        lock (receiveBuffer)
        {
            //从缓存区中将接收完的数据移除
            receiveBuffer.RemoveRange(0, 4 + _length);
        }

        //将接收的数据交给消息处理中心进行处理
        OnReceiveData?.Invoke(_data);

        //递归处理缓存数据
        ReadData();
    }

    /// <summary>
    /// 向客户端发送数据
```

```
/// </summary>
/// <param name="data"></param>
public void Send(byte[] data)
{

    if (client == null)
    {
        return;
    }

    if (data == null) { return; }

    //将要发送的数据放入要发送数据的缓存区队列
    sendBufferQueue.Enqueue(data);

    if (!isSending)
    {
        isSending = true;
        HandlerSend();
    }
}

/// <summary>
/// 处理数据发送
/// </summary>
void HandlerSend()
{
    try
    {
        //加锁，用于保证发送时的数据安全
        lock (sendBufferQueue)
        {
            //如果缓存区中的数据为 0，则说明无数据需要发送
            if (sendBufferQueue.Count == 0)
            {
                isSending = false;
                return;
            }

            SocketAsyncEventArgs _send = GetSendSAEA();

            if (_send == null) { return; }


            //从要发送数据的缓存区中取出一条数据
            byte[] _data = sendBufferQueue.Dequeue();

            //通过异步对象设置数据
            _send.SetBuffer(_data, 0, _data.Length);
```

```
        //通过 Socket 对象发送数据
        //判断是否挂起，如果没挂起，则直接处理；如果挂起，则等待
        if (!client.SendAsync(_send))
        {
            ProcessSend(_send);
        }
        HandlerSend();
        }
    }
    catch (Exception e)
    {
        Console.WriteLine("send error:" + e.Message);
    }
}


/// <summary>
/// 实际处理数据发送
/// </summary>
/// <param name="e"></param>
void ProcessSend(SocketAsyncEventArgs e)
{
    //如果发送成功
    if (e.SocketError == SocketError.Success)
    {
        //回收异步对象
        sendSAEAQueue.Enqueue(e);

        HandlerSend();
    }
    else
    {
        //如果发送失败，则断开连接
        Close();
    }
}


/// <summary>
/// 获取用于发送数据的异步对象
/// </summary>
/// <returns></returns>
SocketAsyncEventArgs GetSendSAEA()
{
    //如果队列中没有，则创建一个，但是有上限
    if (sendSAEAQueue.Count == 0)
    {
        if (sendCount > maxSend)
        {
            return null;
        }
    }
```

```csharp
            SocketAsyncEventArgs _send = new SocketAsyncEventArgs();
            _send.Completed += send_Completed;
            _send.UserToken = this;
            sendCount++;
            return _send;
        }
        else
        {
            //如果队列中还有，则直接获取
            return sendSAEAQueue.Dequeue();
        }
    }

    /// <summary>
    /// 异步发送完成的回调
    /// </summary>
    private void send_Completed(object sender, SocketAsyncEventArgs e)
    {
        ProcessSend(e);
    }

    /// <summary>
    /// 关闭与服务器之间的连接
    /// </summary>
    public void Close()
    {
        //多次关闭会报异常，这里要处理
        //如果已经断开了，则不再执行
        if (!Connected())
        {
            return;
        }

        sendBufferQueue.Clear();
        receiveBuffer.Clear();
        isReading = false;
        isSending = false;

        try
        {
            client.Shutdown(SocketShutdown.Both);
            client.Close();
            client = null;
        }
        catch (Exception e)
        {
            Console.WriteLine("client close error:" + e.Message);
        }

        //将发送和接收的委托注销
        receiveSAEA.Completed -= ReceiveAsync_Completed;
        foreach (var item in sendSAEAQueue)
```

```
    {
        item.Completed -= send_Completed;
    }

    //在断开后要执行的委托
    OnDisconnect?.Invoke();
    }
}
```

3.　ClientHandlerCenter.cs

ClientHandlerCenter.cs：处理客户端事务的中心，主要用于确定接收的数据类型，进而处理具体的相关业务。该文件中的代码如下：

```
using System;
using UnityEngine;
using UnityEngine.Events;

/// <summary>
/// 处理客户端事务的中心
/// </summary>
public class ClientHandlerCenter : MonoBehaviour
{
    /// <summary>
    /// 静态对象
    /// </summary>
    public static ClientHandlerCenter Instance = null;
    /// <summary>
    /// 定义接收数据事件
    /// </summary>
    public UnityEvent<byte[]> OnReceivedByteDataEvent;
    /// <summary>
    /// 初始化
    /// </summary>
    private void Awake()
    {
        Instance = this;
    }
    /// <summary>
    /// 对消息循环进行处理
    /// </summary>
    void Update()
    {
        //只要客户端存储接收数据的队列中有内容，就会对其进行处理
        if (TCPManager.Instance.ReceiveDataQueue.Count > 0)
        {
            byte[] _data = TCPManager.Instance.ReceiveDataQueue.Dequeue();
            HandlerData(_data);
        }
    }

    /// <summary>
    /// 处理数据
```

```
/// </summary>
/// <param name="data"></param>
void HandlerData(byte[] data)
{
    DataModel _model = DataCodec.Decode(data);

    switch (_model.Type)
    {
        case DataType.TYPE_NONE:
            break;
        default:
            break;
    }
}
```

在以上文件编写完成后，复制上一节的场景，添加空物体并给其添加 TCPManager 脚本，即可在 Unity 的 Inspector 窗口中设置服务器 IP 地址、服务器开放端口、是否自动重连、自动重连时间等，如图 6-6 所示。

图 6-6

在设置完成后，运行程序，即可显示如图 6-7 所示的 Log 信息，表示此时已经启动了一个 TCP 服务器端并使用 TCP 客户端连接成功。

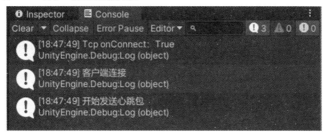

图 6-7

6.4　UDP 通信

6.4.1　UDP 介绍

UDP（User Datagram Protocol，用户数据报协议），是 OSI（Open System Interconnection，开

放系统互联）参考模型中一种无连接的传输层协议，提供面向事务的简单、不可靠信息的传送服务，IETF RFC 768 是 UDP 的正式规范。UDP 在 IP 报文中的协议号是 17。

　　UDP 与 TCP 的相同点是它们都是基于 IP 的协议，通信需要知道对方的 IP 地址与端口号，不同点是 UDP 协议是无连接、不可靠但传输效率较高的协议，UDP 注重传输速度，但不保证所有发送的数据对方都能够收到。

　　UDP 与 TCP 都可以处理数据包，在 OSI 模型中，二者都位于传输层，处于 IP 协议的上一层。UDP 有不提供数据包分组、组装和不能对数据包进行排序的缺点，也就是说，在发送报文后，是无法得知其是否安全、是否完整到达的。UDP 主要用于支持需要在计算机之间传输数据的网络应用程序，包括网络视频会议系统在内的众多客户-服务器模式的网络应用程序都需要使用 UDP。UDP 从问世至今已经被使用了很多年，虽然其最初的光彩已经被一些类似协议所掩盖，但现在 UDP 仍然是一种非常实用和可行的网络传输层协议。

　　许多应用程序只支持 UDP，如多媒体数据流，不产生任何额外的数据，即使知道有被破坏的包，也不进行重发。当强调传输性能而不是传输的完整性时，如音频和多媒体应用程序，UDP 是最好的选择。在数据传输时间很短，以至于此前的连接过程成为整个流量主体的情况下，UDP 也是一个好的选择。

　　UDP 是无连接协议，在传输数据前，源端和终端不建立连接，在需要传送时，可以简单地抓取来自应用程序的数据，并且尽可能快地将其上传到网络上。在发送端，UDP 传送数据的速度仅受应用程序生成数据的速度、计算机的能力和传输带宽的限制；在接收端，UDP 可以将消息段放在队列中，应用程序每次从队列中读取一个消息段。

　　由于传输数据不建立连接，因此不需要维持连接状态，包括收发状态等，因此一台服务器可以同时向多个客户机传输相同的消息。

　　UDP 信息包的标题很短，只有 8 字节，与包含 20 字节信息包的 TCP 相比，UDP 的额外开销很小。

　　吞吐量不受拥挤控制算法的调节，只受应用程序生成数据的速率、传输带宽、源端和终端主机性能的限制。

　　UDP 是面向报文的。发送方的 UDP 在给应用程序提交的报文添加头部后，会将其向下交付给 IP 层。不拆分，也不合并，而是保留这些报文的边界，因此，应用程序需要选择合适的报文大小。

　　虽然 UDP 是一个不可靠的协议，但它是分发信息的一个理想协议，如在屏幕上报告股票市场、显示航空信息等。UDP 也可以在 RIP（Routing Information Protocol，路由信息协议）中修改路由表。在 UDP 的应用场景中，如果有一个消息丢失，那么在几秒后，会有另一个新的消息替换它。UDP 广泛应用于多媒体应用程序中。

6.4.2　UDP 通信原理

　　在 UDP 层次模型中，UDP 位于 IP 层之上。应用程序先访问 UDP 层，再使用 IP 层传送数据报。IP 数据包的数据部分为 UDP 数据报。IP 层的报头指明了源主机和目的主机的地址，而 UDP 层的报头指明了主机上的源端口和目的端口。UDP 传输的段（Segment）由 8 字节的报头和有效载荷字段构成，如图 6-8 所示。

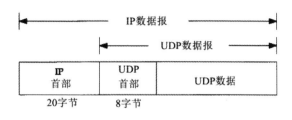

图 6-8

UDP 报头由 4 个域组成，每个域都占用 2 字节，具体包括源端口号、目标端口号、数据包长度、校验值。

UDP 通信比 TCP 通信简单很多，减少了 TCP 的握手、确认、窗口、重传、拥塞控制等机制。UDP 客户端在发送数据时并不判断主机是否可达、服务器是否开启等问题，也不能确定数据是否成功送达服务器，它只能将数据简单地封成一个包并丢出去。

6.4.3 Unity 中基于 Socket 的高性能 UDP 通信实现

在 Unity 中，可以使用 C#语言实现.NET API 的 UDP 协议网络功能，如封装的 UdpClient、比较接近底层的 Socket 等。本节主要介绍 Unity 中基于 Socket 的高性能 UDP 通信框架及其实现，包括 UDP 服务器端、UDP 客户端、消息处理中心等。

本通信框架的文件架构如图 6-9 所示。

图 6-9

此外，UDP 通信框架使用与 TCP 通信框架通用的消息类型、请求类型等，与 TCP 通信框架中的文件一致，各个文件的功能如下。

UDPManager.cs：UDP 管理类。

UdpClient.cs：UDP 客户端连接类。

UdpDataCodec.cs：序列化数据模型类。

UdpDataModel.cs：消息模型类。

1. UDPManager.cs

UDPManager.cs：UDP 管理类，主要用于对 UDP 连接进行管理，对接收的数据进行综合处理。该文件中的代码如下：

```
using UnityEngine;
using System.Net;
using UnityEngine.Events;

/// <summary>
/// UDP 数据包
/// </summary>
```

```csharp
public struct UDPPacket
{
    /// <summary>
    /// 数据包数据
    /// </summary>
    public byte[] Byte;
    /// <summary>
    /// 数据包接收方的 IP 终端
    /// </summary>
    public IPEndPoint Ep;
}


/// <summary>
/// UDP 管理类
/// </summary>
public class UDPManager : MonoBehaviour
{
    /// <summary>
    /// 静态对象
    /// </summary>
    public static UDPManager Instance = null;
    /// <summary>
    /// 接收数据事件
    /// </summary>
    public UnityEvent<byte[]> OnReceivedAudioByteDataEvent;

    /// <summary>
    /// 是否已初始化
    /// </summary>
    private bool Initialised = false;
    /// <summary>
    /// UDP 客户端对象
    /// </summary>
    private UdpClient Client = null;
    /// <summary>
    /// 初始化单例对象
    /// </summary>
    void Awake()
    {
        if (Instance == null) Instance = this;
    }

    /// <summary>
    /// 启用 UDP 服务
    /// </summary>
    void Start()
    {
        if (!Initialised)
        {
            //添加 UDP 客户端对象
```

```
        Client = this.gameObject.AddComponent<UdpClient>();
        //赋值 UDP 客户端对象的管理类
        Client.Manager = this;
        //确定已初始化完成
        Initialised = true;
    }
}


#region 接收数据

/// <summary>
/// 数据接收处理
/// </summary>
/// <param name="packet">接收到的 UDP 数据包</param>
public void ProcessReceivedData(UDPPacket packet)
{
    //将数据包中的字节反序列化成消息模型
    UdpDataModel _model = UdpDataCodec.Decode(packet.Byte);

    switch (_model.Type)
    {
        case DataType.TYPE_XXX:
            HandlerXXXRequest(packet, _model);
            break;
        default:
            break;
    }
}
/// <summary>
/// 业务类型处理
/// </summary>
private void HandlerXXXRequest(UDPPacket packet, UdpDataModel model)
{
    switch (model.Request)
    {
        case DataRequest.XXX_XXX:
            XXX_XXX(packet, model);
            break;
        default:
            break;
    }
}
/// <summary>
/// 接收业务处理
/// </summary>
private void XXX_XXX(UDPPacket token, UdpDataModel model)
{
    OnReceivedAudioByteDataEvent.Invoke(model.Message);
}
```

```
    #endregion

    #region 发送数据

    /// <summary>
    /// 按类型处理发送的数据
    /// </summary>
    /// <param name="_byteData">要发送的数据</param>
    /// <param name="ep">目标地址</param>
    public void ProcessSendVideoData(byte[] _byteData, IPEndPoint ep)
    {
        //包装消息模型并发送
        SendToOther(new UdpDataModel(DataType.TYPE_XXX, DataRequest.XXX_XXX,
_byteData), ep);
    }

    /// <summary>
    /// 数据处理
    /// </summary>
    public void SendToOther(UdpDataModel _model, IPEndPoint ep)
    {
        if (!Initialised) return;
        //添加到队列包中
        Client.Action_Add2OtherPacket(ep, UdpDataCodec.Encode(_model));
    }

    #endregion
}
```

2．UdpClient.cs

UdpClient.cs：UDP 客户端连接类，主要用于进行通信服务管理，包括接收数据队列、发送数据队列等。该文件中的代码如下：

```
using System.Collections;
using UnityEngine;
using System.Net.Sockets;
using System.Net;
using System;
using System.Collections.Generic;
using System.Threading;

/// <summary>
/// UDP 客户端连接类
/// </summary>
public class UdpClient : MonoBehaviour
{
    /// <summary>
    /// UDP 客户端对象的管理类
    /// </summary>
    public UDPManager Manager;
    /// <summary>
```

```
/// 接收数据队列
/// </summary>
private Queue<byte[]> _appendQueueReceivedPacket = new Queue<byte[]>();
/// <summary>
///  接收数据锁定对象
/// </summary>
private object _asyncLockReceived = new object();
/// <summary>
/// 发送数据队列
/// </summary>
private Queue<UDPPacket> _appendQueueSendPacket = new Queue<UDPPacket>();
/// <summary>
///  发送数据锁定对象
/// </summary>
private object _asyncLockSend = new object();
/// <summary>
/// 记录是否停止运行
/// </summary>
private bool IsStop = false;
/// <summary>
/// UDP 监听 Socket
/// </summary>
private Socket ClientListener;
/// <summary>
/// 异步接收对象
/// </summary>
private SocketAsyncEventArgs receiveSAEA = null;

/// <summary>
/// 开始 UDP 操作
/// </summary>
void Start()
{
    //开启监听本地端口功能
    ThreadPool.QueueUserWorkItem(c =>
    {
        //循环处理
        while (!IsStop)
        {
            try
            {
                if (ClientListener == null)
                {
                    //启动一个 Socket 对象，用于监听本地端口
                    ClientListener = new Socket(AddressFamily.InterNetwork,
SocketType.Dgram, ProtocolType.Udp);
                    //绑定本地端口
                    ClientListener.Bind(new IPEndPoint(IPAddress.Any, 0));
                    //接收本地端口数据
                    receiveSAEA = new SocketAsyncEventArgs();
```

```
                //注册完成事件
                receiveSAEA.Completed += ReceiveAsync_Completed;
                //定义字节数组
                byte[] buffer = new byte[65500];
                //设置数据接收缓冲区
                receiveSAEA.SetBuffer(buffer, 0, buffer.Length);

                //开始接收数据
                StartReceive();
            }

            //消费发送队列发送数据
            while (_appendQueueSendPacket.Count > 0)
            {
                //UDP 数据包
                UDPPacket _packet = new UDPPacket();
                //获取一个 UDP 数据包
                    lock (_asyncLockReceived) _packet = _appendQueueSendPacket.
Dequeue();
                //将数据包发送到指定目标地址
                ClientListener.SendTo(_packet.Byte, _packet.Ep);
            }
        }
        catch(Exception ex)
        {
            if (ClientListener != null)
            {
                ClientListener.Close();
                ClientListener = null;
            }
        }
        Thread.Sleep(1);
    }
    Thread.Sleep(1);
});

    //处理接收数据
    StartCoroutine(Rp());
}
/// <summary>
/// 处理接收数据
/// </summary>
IEnumerator Rp()
{
    while (!IsStop)
    {
        //消费接收队列发送数据
        while (_appendQueueReceivedPacket.Count > 0)
        {
            //UDP 数据包
            UDPPacket _packet = new UDPPacket();
            //获取一个 UDP 数据包
            lock (_asyncLockReceived) _packet.Byte = _appendQueueReceivedPacket.
```

```
Dequeue();
                //转到管理类进行业务处理
                Manager.ProcessReceivedData(_packet);
            }
            yield return null;
        }
        yield break;
    }

    /// <summary>
    /// 接收完成事件
    /// </summary>
    private void ReceiveAsync_Completed(object sender, SocketAsyncEventArgs e)
    {
        //处理接收的数据
        ProcessReceive(e);
    }
    /// <summary>
    /// 开始接收数据
    /// </summary>
    public void StartReceive()
    {
        //异步接收数据
        //如果没有挂起，则直接处理；如果挂起了，则等待，在完成后处理
        if (!ClientListener.ReceiveAsync(receiveSAEA))
        {
            //处理接收的数据
            ProcessReceive(receiveSAEA);
        }
    }
    /// <summary>
    /// 处理接收的数据
    /// </summary>
    void ProcessReceive(SocketAsyncEventArgs e)
    {
        //是否成功接收数据
        if (e.SocketError == SocketError.Success && e.BytesTransferred > 0)
        {
            //定义数据包大小数组
            byte[] _data = new byte[e.BytesTransferred];
            //将缓存区中的数据复制到自定义的byte数组中
            //(原始位置,原始偏移量,目标位置,目标偏移量,数据长度)
            Buffer.BlockCopy(e.Buffer, 0, _data, 0, e.BytesTransferred);
            //将可用数据包添加到数据队列中
            if (_data.Length > 4)
            {
                lock (_asyncLockReceived) _appendQueueReceivedPacket.Enqueue(_data);
            }

            //继续接收数据
            StartReceive();
        }
    }
```

```csharp
/// <summary>
/// 添加发送数据包
/// </summary>
/// <param name="ep">目标地址端口</param>
/// <param name="_byteData">需要发送的数据</param>
public void Action_Add2OtherPacket(IPEndPoint ep, byte[] _byteData)
{
    //将可用数据封装成数据包，并且将其添加到数据包队列中
    lock (_asyncLockSend)
        _appendQueueSendPacket.Enqueue(new UDPPacket() { Ep = ep, Byte =
_byteData });
}
/// <summary>
/// 停止连接
/// </summary>
private void OnDisable()
{
    IsStop = true;
}
}
```

3. UdpDataCodec.cs

UdpDataCodec.cs：序列化数据模型类，主要用于对 UDP 数据的包头和包体分别进行封装，在接收后对其进行解包。该文件中的代码如下：

```csharp
using System;

/// <summary>
/// 序列化数据模型类
/// </summary>
public static class UdpDataCodec
{
    /// <summary>
    /// 序列化
    /// </summary>
    public static byte[] Encode(UdpDataModel model)
    {
        //如果 model.Message 为空，那么 messageLength 等于 0
        //如果 model.Message 不为空，那么 messageLength 等于 model.Message 的长度
        int _messageLength = model.Message == null ? 0 : model.Message.Length;

        //整个要发送的数据
        //因为该通信框架中的数据模型分为 3 层，前两层都只有 1 字节，所以用前两字节加消息内容作为包体
        //而包头有 4 字节，所以再加 4
        byte[] _fullData = new byte[_messageLength + 4];

        //将包头转换为字节数组
        byte[] _lengthByte = BitConverter.GetBytes(4 + _messageLength);

        //将数据模型中的类型和请求转换为字节数组
        byte[] _trData = new byte[] { model.Type, model.Request };

        //复制包头
```

```
        //合并参数(复制源,复制源索引,复制目标,复制目标索引,复制长度)
        Array.Copy(_lengthByte, 0, _fullData, 0, _lengthByte.Length);

        //复制类型
        Array.Copy(_trData, 0, _fullData, 4, _trData.Length);

        //如果数据内容不为空
        if (model.Message != null)
        {
            //复制数据内容
            Array.Copy(model.Message, 0, _fullData, 6, _messageLength);
        }

        return _fullData;
    }


    /// <summary>
    /// 反序列化
    /// </summary>
    /// <param name="data"></param>
    /// <returns></returns>
    public static UdpDataModel Decode(byte[] data)
    {
        /*在接收时没有包头*/
        UdpDataModel _model = new UdpDataModel();

        //消息类型
        _model.Type = data[4];
        //消息请求
        _model.Request = data[5];

        //查看数据模型中是否有数据内容,如果有,那么将其取出
        if (data.Length > 6)
        {
            byte[] _message = new byte[data.Length - 6];
            Array.Copy(data, 6, _message, 0, data.Length - 6);

            _model.Message = _message;
        }


        return _model;
    }
}
```

4．UdpDataModel.cs

UdpDataModel.cs：消息模型类，主要用于为类型提供简单的封装，便于维护与访问，在发送与接收数据时都会用到该类。该文件中的代码如下：

```
/// <summary>
/// 消息模型类
```

```
/// </summary>
public class UdpDataModel
{
    /// <summary>
    /// 类型
    /// 如数据库相关操作、匹配操作
    /// byte 可以从 0-255 一共 256 个
    /// </summary>
    public byte Type { get; set; }

    /// <summary>
    /// 请求
    /// 如登录、退出
    /// </summary>
    public byte Request { get; set; }

    /// <summary>
    /// 数据内容
    /// 如账号、密码
    /// </summary>
    public byte[] Message { get; set; }

    /// <summary>
    /// 消息模型构造函数
    /// </summary>
    public UdpDataModel(byte type, byte request, byte[] message = null)
    {
        Type = type;
        Request = request;
        Message = message;
    }
    public UdpDataModel()
    {

    }
}
```

在以上文件创建完成后，即可创建场景，添加空物体并给其添加 UDPManager 脚本，运行 Unity，会在此物体下自动添加 UdpClient 组件，此时已经启动了一个 UDP 服务器端，如图 6-10 所示。

图 6-10

6.5　本章总结

本章引入了网络通信的概念，主要介绍了 Unity 网络通信的基础知识，包括 Unity 通信 API、TCP 通信、UDP 通信等，并且使用 C#语言基于 Socket 的高性能编写了 TCP 通信框架和 UDP 通信框架，这些通信框架可以满足基本的功能需求。

第 7 章　跨平台音视频通信核心

 引言

本章主要在前几章的基础上进行技术融合。例如，音频数据、图像数据要怎么编码数字化，怎么通过 Unity 的通信框架将数据发送到目标地址，怎么接收数据并解码，等等。

 音频处理

7.2.1　音频发送

基于第 4 章中介绍的多媒体音频技术，读者已经大致了解了音频的采样率、声道等概念，并且可以将音频剪辑转化为音频字节数据。本节会在此基础上介绍如何进行设备控制、数据发送控制等。

为了方便指定设备，我们创建一个枚举，用于判断是否使用指定名称的设备，代码如下：

```
/// <summary>
/// 设置指定模式
/// </summary>
[Serializable]
public enum MicDeviceMode { Default, TargetDevice }
```

下面介绍音频数据编码发送脚本，在脚本启动时进行循环数据发送，可以在组件中设置每秒发送次数。

由于进行一次数据采样的数据量比较大，一次性发送比较容易丢包、错包等，因此需要设置分块，每次发送分块数据量，脚本代码如下：

```
using System.Collections;
using System.Collections.Generic;
using UnityEngine;
using System;
using UnityEngine.Events;


/// <summary>
/// 设置指定模式
/// </summary>
[Serializable]
public enum MicDeviceMode { Default, TargetDevice }


/// <summary>
/// 获取音频数据
/// </summary>
```

```csharp
public class AudioEncoder : MonoBehaviour
{
    /// <summary>
    /// 音源设备指定模式
    /// </summary>
    public MicDeviceMode DeviceMode = MicDeviceMode.Default;
    /// <summary>
    /// 设备名称
    /// </summary>
    public string DeviceName = null;
    /// <summary>
    /// 采样率
    /// </summary>
    public int Frequency = 11025;
    /// <summary>
    /// 设备声道数
    /// </summary>
    public int Channels = 1;
    /// <summary>
    /// 所有检测到的设备,在启动后可以在 Inspector 窗口中查看
    /// </summary>
    [TextArea]
    public string DetectedDevices;
    /// <summary>
    /// 数据流每秒发送次数
    /// </summary>
    [Range(1f, 10f)]
    public float StreamFPS = 3f;
    /// <summary>
    /// 数据发送事件
    /// </summary>
    public UnityEvent<byte[]> OnDataByteReadyEvent;

    /// <summary>
    /// 设备名称
    /// </summary>
    private string CurrentDeviceName = null;
    /// <summary>
    /// 语音数据队列
    /// </summary>
    private Queue<byte> AudioBytes = new Queue<byte>();
    /// <summary>
    /// 音频队列操作锁定对象
    /// </summary>
    private object _asyncLockAudio = new object();
    /// <summary>
    /// 记录采样数据
    /// </summary>
    int CurrentSample = 0;
    /// <summary>
```

```
/// 记录上次采样数据
/// </summary>
int LastSample = 0;
/// <summary>
/// 数据发送间隔
/// </summary>
float interval = 0.05f;
/// <summary>
/// 记录数据增量 ID
/// </summary>
int dataID = 0;
/// <summary>
/// 数据每次发送块的大小
/// </summary>
int chunkSize = 8096;
/// <summary>
/// 下次发送数据的时间
/// </summary>
float next = 0f;
/// <summary>
/// 组件是否终止
/// </summary>
bool stop = false;
/// <summary>
/// 音频剪辑
/// </summary>
AudioClip clip = null;

/// <summary>
/// 启动 MIC
/// 开始记录
/// </summary>
void Start()
{
    StartAll();
}

/// <summary>
/// 开始启动设备记录
/// </summary>
IEnumerator StartMic()
{
    //申请麦克风权限
    yield return Application.RequestUserAuthorization(UserAuthorization.
Microphone);
    if (Application.HasUserAuthorization(UserAuthorization.Microphone))
    {
        //清空设备列表
        DetectedDevices = "";
        //获取设备列表名称数组
```

```
        string[] MicNames = Microphone.devices;
        //给设备列表赋值
        foreach (string _name in MicNames)
            DetectedDevices += _name + Environment.NewLine;
        //如果指定了目标设备，则循环判断是否存在该设备
        if (DeviceMode == MicDeviceMode.TargetDevice)
        {
            bool IsCorrectName = false;
            for (int i = 0; i < MicNames.Length; i++)
            {
                if (MicNames[i] == DeviceName)
                {
                    IsCorrectName = true;
                    break;
                }
            }
            if (!IsCorrectName) DeviceName = null;
        }
        //如果没有指定设备，则将设备名称赋值为 null
        CurrentDeviceName = DeviceMode == MicDeviceMode.Default ? null : DeviceName;
        //使用指定设备进行录制
        //一定要启用循环录制功能
        clip = Microphone.Start(CurrentDeviceName, true, 1, Frequency);
        //判断指定设备是否已经开始工作
        while (!(Microphone.GetPosition(DeviceName) > 0)) { }
        //输出启动信息
        Debug.Log("Start Microphone(Position): " + Microphone.GetPosition
(DeviceName));
        //获取音频声道数
        Channels = clip.channels;
        //数据增量 ID 清零
        dataID = 0;

        //循环获取
        while (!stop)
        {
            AddSampleData();
            yield return null;
        }
    }
    yield return null;
}
/// <summary>
/// 添加数据
/// 对录音数据进行采样
/// </summary>
void AddSampleData()
{
    //替换上次采样位置
    LastSample = CurrentSample;
```

```
//获取当前采样位置
CurrentSample = Microphone.GetPosition(DeviceName);

//如果记录的采样位置不同，则获取采样数据
if (CurrentSample != LastSample)
{
    //定义 float 数组，用于获取采样数据
    float[] samples = new float[clip.samples];
    //使用剪辑的采样数据填充 float 数组
    clip.GetData(samples, 0);

    //本次采样位置大于上一次采样位置，表示在一个采样周期内
    //记录从上一次采样位置到本次采样位置即可
    if (CurrentSample > LastSample)
    {
        //对音频队列的操作加锁
        lock (_asyncLockAudio)
        {
            //循环每个采样位置
            for (int i = LastSample; i < CurrentSample; i++)
            {
                //转化为字节数组
                byte[] byteData = BitConverter.GetBytes(samples[i]);
                //将字节数组归入队列
                foreach (byte _byte in byteData) AudioBytes.Enqueue(_byte);
            }
        }
    }
    //本次采样位置小于上一次采样位置，表示在两个采样周期内
    //记录从上一次采样位置到采样周期结束位置，以及从采样周期开始位置到本次采样位置
    else if (CurrentSample < LastSample)
    {
        lock (_asyncLockAudio)
        {
            //从上一次采样位置到采样周期结束位置
            for (int i = LastSample; i < samples.Length; i++)
            {
                //转化为字节数组
                byte[] byteData = BitConverter.GetBytes(samples[i]);
                //将字节数组归入队列
                foreach (byte _byte in byteData) AudioBytes.Enqueue(_byte);
            }
            //从采样周期开始位置到本次采样位置
            for (int i = 0; i < CurrentSample; i++)
            {
                //转化为字节数组
                byte[] byteData = BitConverter.GetBytes(samples[i]);
                //将字节数组归入队列
                foreach (byte _byte in byteData) AudioBytes.Enqueue(_byte);
            }
```

```
                }
            }
        }
    }


    /// <summary>
    /// 发送数据
    /// </summary>
    IEnumerator IntervalSend()
    {
        while (!stop)
        {
            //最大程度保持帧同步
            if (Time.realtimeSinceStartup > next)
            {
                //时间为 1 秒与每秒发送次数的商
                interval = 1f / StreamFPS;
                next = Time.realtimeSinceStartup + interval;

                SendBytes();
            }
            yield return null;
        }
    }
    /// <summary>
    /// 数据编码
    /// </summary>
    void SendBytes()
    {
        //定义语音数组
        byte[] dataByte;
        //采样率
        byte[] _samplerateByte = BitConverter.GetBytes(Frequency);
        //声道数
        byte[] _channelsByte = BitConverter.GetBytes(Channels);
        lock (_asyncLockAudio)
        {
            //定义数组大小
            dataByte = new byte[AudioBytes.Count + _samplerateByte.Length +
_channelsByte.Length];
            //添加采样率
            Buffer.BlockCopy(_samplerateByte, 0, dataByte, 0, _samplerateByte.Length);
            //添加声道数
            Buffer.BlockCopy(_channelsByte, 0, dataByte, 4, _channelsByte.Length);
            //添加语音数组
            Buffer.BlockCopy(AudioBytes.ToArray(), 0, dataByte, 8, AudioBytes.Count);
            //清空数据队列
            AudioBytes.Clear();
        }
```

```
    int _length = dataByte.Length;
    int _offset = 0;

    //获取头部数据
    byte[] _meta_id = BitConverter.GetBytes(dataID);
    byte[] _meta_length = BitConverter.GetBytes(_length);

    //防止单块数据过大，进行分块发送
    int chunks = Mathf.FloorToInt(dataByte.Length / chunkSize);
    for (int i = 0; i <= chunks; i++)
    {
        //数据位置
        byte[] _meta_offset = BitConverter.GetBytes(_offset);
        //本次发送数据量大小
            int SendByteLength = (i == chunks) ? (_length % chunkSize + 12) : (chunkSize
+ 12);
        //定义发送数据数组
        byte[] SendByte = new byte[SendByteLength];

        //添加数据增量 ID
        Buffer.BlockCopy(_meta_id, 0, SendByte, 0, 4);
        //添加数据长度信息
        Buffer.BlockCopy(_meta_length, 0, SendByte, 4, 4);
        //添加数据位置
        Buffer.BlockCopy(_meta_offset, 0, SendByte, 8, 4);
        //添加语音数据
        Buffer.BlockCopy(dataByte, _offset, SendByte, 12, SendByte.Length - 12);
        //事件调用
        OnDataByteReadyEvent.Invoke(SendByte);
        //增加数据位置
        _offset += chunkSize;
    }
    //增加数据增量 ID
    dataID++;
}
/// <summary>
/// 在启用组件时启用语音功能
/// </summary>
private void OnEnable()
{
    if (Time.realtimeSinceStartup <= 3f) return;
    StartAll();
}
/// <summary>
/// 停止
/// </summary>
private void OnDisable()
{
    StopAll();
}
```

```
/// <summary>
/// 启动 MIC
/// </summary>
void StartAll()
{
    if (stop)
    {
        stop = false;
        //开始启动设备进行语音记录
        StartCoroutine(StartMic());
        //定时发送数据
        StartCoroutine(IntervalSend());
    }
}
/// <summary>
/// 停止 MIC
/// </summary>
void StopAll()
{
    stop = true;
    StopCoroutine(IntervalSend());
    StopCoroutine(StartMic());
    //停止设备
    Microphone.End(CurrentDeviceName);
}
}
```

7.2.2　音频接收

在接收音频后，首先需要根据编码顺序对其进行逐个解包，然后将解包后的数据添加到消费队列中，组成音频剪辑，最后使用 Audio Source 组件播放音频剪辑，即可完成音频接收任务。

由于使用了 Audio Source 组件，因此脚本所在物体必须挂载 Audio Source 组件。音频接收部分的代码如下：

```
using System.Collections;
using System.Collections.Generic;
using UnityEngine;
using System;

/// <summary>
/// 音频数据解码
/// 本脚本需要物体挂载 Audio Source 组件
/// </summary>
[RequireComponent(typeof(Audio Source))]
public class AudioDecoder : MonoBehaviour
{
    /// <summary>
    /// 准备好接收下一帧
    /// </summary>
    bool ReadyToGetFrame = true;
```

```csharp
/// <summary>
/// 数据增量 ID
/// </summary>
int dataID = 0;
/// <summary>
/// 本帧应接收的数据长度
/// </summary>
int dataLength = 0;
/// <summary>
/// 本帧实际接收的数据长度
/// </summary>
int receivedLength = 0;
/// <summary>
/// 本帧接收的数据
/// </summary>
byte[] dataByte;

/// <summary>
/// 启动组件
/// </summary>
void Start()
{
    //程序可以在后台运行
    Application.runInBackground = true;
}
/// <summary>
/// 音频数据处理
/// <param name="_byteData">数组数据来自网络组件（UDP）接收到的音频数据</param>
public void Action_ProcessData(byte[] _byteData)
{
    try
    {
        //组件可用
        if (!enabled) return;
        //将脏数据直接丢弃
        if (_byteData.Length <= 12) return;
        //获取数据增量 ID
        int _dataID = BitConverter.ToInt32(_byteData, 0);
        //数据增量不同，直接丢弃之前的数据，避免形成累积延迟
        if (_dataID != dataID) receivedLength = 0;
        //将当前数据增量 ID 赋值为数据包数据增量 ID
        dataID = _dataID;
        //获取数据包的数据长度
        dataLength = BitConverter.ToInt32(_byteData, 4);
        //获取数据位置
        int _offset = BitConverter.ToInt32(_byteData, 8);
        //累积接收的数据长度
        if (receivedLength == 0) dataByte = new byte[dataLength];
        //实际接收的数据长度
        receivedLength += _byteData.Length - 12;
```

```
        //添加到累积数据中
        Buffer.BlockCopy(_byteData, 12, dataByte, _offset, _byteData.Length - 12);
        //允许进行数据处理
        if (ReadyToGetFrame)
        {
            //如果接收的数据长度与原数据长度一致，则对接收的数据进行处理
            if (receivedLength == dataLength)
                StartCoroutine(ProcessAudioData(dataByte));
        }
    }
    catch { }
}


/// <summary>
/// 接收的音频声道数
/// </summary>
public int SourceChannels = 1;
/// <summary>
/// 接收的音频采样数
/// </summary>
public int SourceSampleRate = 48000;
/// <summary>
/// 待消费队列
/// </summary>
private Queue<float> ABufferQueue = new Queue<float>();
/// <summary>
/// 音频队列操作锁定对象
/// </summary>
object _asyncLock = new object();


/// <summary>
/// 音频处理
/// </summary>
IEnumerator ProcessAudioData(byte[] receivedAudioBytes)
{
    //阻塞其他入口
    ReadyToGetFrame = false;

    //数据有效性
    if (receivedAudioBytes.Length >= 8 + 1024)
    {
        //采样数据数组
        byte[] _sampleRateByte = new byte[4];
        //音频声道数数组
        byte[] _channelsByte = new byte[4];
        //实际音频数组
        byte[] _audioByte = new byte[receivedAudioBytes.Length - 8];
        //从数组中获取各个数据
        lock (_asyncLock)
        {
```

```
            Buffer.BlockCopy(receivedAudioBytes, 0, _sampleRateByte, 0,
_sampleRateByte.Length);
            Buffer.BlockCopy(receivedAudioBytes, 4, _channelsByte, 0,
_channelsByte.Length);
            Buffer.BlockCopy(receivedAudioBytes, 8, _audioByte, 0,
_audioByte.Length);
        }
        //将数组转换为采样数据
        SourceSampleRate = BitConverter.ToInt32(_sampleRateByte, 0);
        //将数组转换为声道数
        SourceChannels = BitConverter.ToInt32(_channelsByte, 0);
        //将字节数组转换为音频 float 数组
        float[] ABuffer = ToFloatArray(_audioByte);
        //循环加入队列
        for (int i = 0; i < ABuffer.Length; i++)
        {
            //加入消费队列
            ABufferQueue.Enqueue(ABuffer[i]);
        }
        //根据消费队列还原音频剪辑
        CreateClip();
    }
    //本帧播放结束，放开入口
    ReadyToGetFrame = true;
    yield return null;
}
//音频剪辑读取位置
int position = 0;
//音频剪辑
AudioClip myClip;
//音频源组件
Audio Source Audio;

/// <summary>
/// 创建音频
/// </summary>
void CreateClip()
{
    //音频组件设置
    if (Audio == null)
    {
        Audio = GetComponent<Audio Source>();
        Audio.clip = myClip;
    }
    else
    {
        Audio.Stop();
    }
    //音频剪辑未处理，立即毁灭
    if (myClip != null) DestroyImmediate(myClip);
```

```csharp
        //创建新音频剪辑
      myClip = AudioClip.Create("StreamingAudio", SourceSampleRate * SourceChannels,
SourceChannels, SourceSampleRate, true, OnAudioRead, OnAudiOSetPosition);
        //赋值为创建的音频剪辑
        Audio.clip = myClip;
        //使用播放组件播放当前的音频
        Audio.Play();
    }
    /// <summary>
    /// 数据读取回调
    /// </summary>
    void OnAudioRead(float[] data)
    {
        int count = 0;
        while (count < data.Length)
        {
            if (ABufferQueue.Count > 0)
            {
                lock (_asyncLock) data[count] = ABufferQueue.Dequeue();
            }
            else
            {
                data[count] = 0f;
            }

            position++;
            count++;
        }
    }
    /// <summary>
    /// 数据位置回调
    /// </summary>
    void OnAudiOSetPosition(int newPosition)
    {
        position = newPosition;
    }
    /// <summary>
    /// 数组转换
    /// </summary>
    public float[] ToFloatArray(byte[] byteArray)
    {
        int len = byteArray.Length / 4;
        float[] floatArray = new float[len];
        for (int i = 0; i < byteArray.Length; i += 4)
        {
            floatArray[i / 4] = BitConverter.ToSingle(byteArray, i);
        }
        return floatArray;
    }
}
```

7.3 图像处理

7.3.1 图像发送

　　基于第 5 章提到的 Unity 图像的数字化处理技术，已经可以使用摄像设备捕捉图像并将其数字化了，这里只需添加网络发送功能。添加网络发送功能后的脚本代码如下：

```
using System;
using System.Collections;
using UnityEngine;
using UnityEngine.Events;
using UnityEngine.UI;

/// <summary>
/// 发送视频编码
/// </summary>
public class VideoEncoder : MonoBehaviour
{
    #region Properties

    /// <summary>
    /// 显示本地摄像机渲染贴图
    /// </summary>
    public RawImage Cam;
    /// <summary>
    /// 摄像机帧率
    /// </summary>
    public int StreamFPS = 30;
    /// <summary>
    /// 图片压缩质量参数，取值范围为 0～100，数值越大，质量越高
    /// </summary>
    public int Quality = 40;
    /// <summary>
    /// 数据发送事件
    /// </summary>
    public UnityEvent<byte[]> OnDataByteReadyEvent;

    /// <summary>
    /// 记录数据增量 ID
    /// </summary>
    int dataID = 0;
    /// <summary>
    /// 数据每次发送块的大小
    /// </summary>
    int chunkSize = 8096;
    /// <summary>
    /// 定义临时贴图对象
    /// </summary>
```

```csharp
private Texture texture;
/// <summary>
/// 定义转换贴图类型用贴图对象
/// </summary>
private Texture2D texture2D;
/// <summary>
/// 定义使用的摄像贴图对象
/// </summary>
private WebCamTexture webCam;

#endregion

/// <summary>
/// 在启用组件时开始调用 WebCam 对象
/// </summary>
void OnEnable()
{
    StartCoroutine(StartWebCam());
}
/// <summary>
/// 在禁用组件时停止调用 WebCam 对象
/// </summary>
void OnDisable()
{
    StopCoroutine(StartWebCam());
    webCam.Stop();
}
/// <summary>
/// 开始调用 WebCam 对象
/// </summary>
IEnumerator StartWebCam()
{
    //请求 WebCam 对象的相关权限
    yield return Application.RequestUserAuthorization(UserAuthorization.WebCam);
    if (Application.HasUserAuthorization(UserAuthorization.WebCam))
    {
        //获取可用设备列表
        var devices = WebCamTexture.devices;
        int CamId = -1;
        //循环设备列表
        //如果有多个摄像机，则优先选用当前设备的前置摄像机
        for (int i = 0; i < devices.Length; i++)
        {
            CamId = i;
            if (devices[i].isFrontFacing)
            {
                break;
            }
        }
        //激活指定的 WebCam 对象
```

```
            webCam = new WebCamTexture(devices[CamId].name, 800, 800, StreamFPS);
            //给临时贴图对象赋值
            texture = webCam;
            //设置平铺纹理
            texture.wrapMode = TextureWrapMode.Repeat;
            //设置摄像设备请求的帧速率（以帧/每秒为单位）
            webCam.requestedFPS = 30;
            //启动摄像机
            webCam.Play();
            //将临时贴图对象显示到 RawImage 组件中
            Cam.texture = texture;
            //初始化一个新的空贴图对象
          texture2D = new Texture2D(texture.width, texture.height, TextureFormat.RGBA32,
false);
            //定时发送
            StartCoroutine(SenderCOR());
        }
        yield return null;
    }


    //下次可调用时间
    float next = 0f;
    //时间间隔
    float interval = 0.05f;
    /// <summary>
    /// 定时发送
    /// </summary>
    IEnumerator SenderCOR()
    {
        //开启循环
        while (true)
        {
            //如果时间超过可调用时间，则调用，否则等待
            if (Time.realtimeSinceStartup > next)
            {
                //根据设置的帧率重新计算每次调用的时间间隔
                interval = 1f / StreamFPS;
                //下次可调用时间 = 当前时间 + 每次调用的时间间隔
                next = Time.realtimeSinceStartup + interval;
                //调用视频信息编码
                StartCoroutine(EncodeBytes());
            }
            yield return null;
        }
    }
    /// <summary>
    /// 将 Texture 对象转换为 Texture2D 对象
    /// </summary>
    private Texture2D TextureToTexture2D(Texture texture)
    {
```

```
        //当前活动的 RenderTexture 对象
        RenderTexture currentRT = RenderTexture.active;
        //获取一个临时的 RenderTexture 对象
        RenderTexture  renderTexture  =  RenderTexture.GetTemporary(texture.width,
texture.height, 32);
        //复制参数 Texture 对象到 RenderTexture 对象中
        Graphics.Blit(texture, renderTexture);
        //将当前活动设置为临时的 RenderTexture 对象
        RenderTexture.active = renderTexture;
        //将当前活动的 RenderTexture 对象读取到 texture2D 对象中
        texture2D.ReadPixels(new Rect(0, 0, renderTexture.width, renderTexture.
height), 0, 0);
        //在读取完毕后，调用 Apply()方法
        texture2D.Apply();
        //还原当前活动的 RenderTexture 对象
        RenderTexture.active = currentRT;
        //将获取的临时 RenderTexture 对象释放
        RenderTexture.ReleaseTemporary(renderTexture);

        return texture2D;
    }
    /// <summary>
    /// 视频信息编码
    /// </summary>
    IEnumerator EncodeBytes()
    {
        //在渲染完成后调用
        yield return new WaitForEndOfFrame();
        //将本帧摄像机贴图对象转化为 Texture2D 对象
        var CapturedTexture2D = TextureToTexture2D(texture);
        //获取字节流
        //根据设置的质量参数将其编码成 JPG 格式的图片数据
        //如果将该字节流保存到文件中，则可以得到一行 JPG 格式的图片数据
        var dataByte = CapturedTexture2D.EncodeToJPG(Quality);

        int _length = dataByte.Length;
        int _offset = 0;
        //获取头部数据
        byte[] _meta_id = BitConverter.GetBytes(dataID);
        byte[] _meta_length = BitConverter.GetBytes(_length);

        //防止单块数据过大，进行分块发送
        int chunks = Mathf.FloorToInt(dataByte.Length / chunkSize);
        for (int i = 0; i <= chunks; i++)
        {
            //数据位置
            byte[] _meta_offset = BitConverter.GetBytes(_offset);
            //本次发送数据量大小
            int SendByteLength = (i == chunks) ? (_length % chunkSize + 12) : (chunkSize
+ 12);
```

```
            //定义发送数据数组
            byte[] SendByte = new byte[SendByteLength];

            //添加数据增量 ID
            Buffer.BlockCopy(_meta_id, 0, SendByte, 0, 4);
            //添加数据长度信息
            Buffer.BlockCopy(_meta_length, 0, SendByte, 4, 4);
            //添加数据位置
            Buffer.BlockCopy(_meta_offset, 0, SendByte, 8, 4);
            //添加语音数据
            Buffer.BlockCopy(dataByte, _offset, SendByte, 12, SendByte.Length - 12);
            //事件调用
            OnDataByteReadyEvent.Invoke(SendByte);
            //增加数据位置
            _offset += chunkSize;
        }
        //增加数据增量 ID
        dataID++;

        yield break;
    }
}
```

7.3.2　图像接收

在接收图像后，首先需要根据编码顺序对其进行逐个解包，然后将解包后的数据添加到消费队列中，最后对数据进行 JPEG 解码，并且将其显示在贴图中。图像接收部分的代码如下：

```
using System.Collections;
using UnityEngine;
using System;

/// <summary>
/// 视频解码显示
/// </summary>
public class VideoDecoder : MonoBehaviour
{
    #region PROPERTIES
    /// <summary>
    /// 解码间隔时间
    /// </summary>
    public float DecoderDelay = 0f;
    /// <summary>
    /// 解码后的图片最终渲染呈现
    /// </summary>
    public Renderer Renderer;

    /// <summary>
    /// 准备好接收下一帧
    /// </summary>
    bool ReadyToGetFrame = true;
```

```csharp
/// <summary>
/// 数据增量 ID
/// </summary>
int dataID = 0;
/// <summary>
/// 本帧应接收的数据长度
/// </summary>
int dataLength = 0;
/// <summary>
/// 本帧实际接收的数据长度
/// </summary>
int receivedLength = 0;
/// <summary>
/// 本帧接收的数据
/// </summary>
byte[] dataByte;
/// <summary>
/// 解码后的 2D 贴图
/// </summary>
private Texture2D ReceivedTexture;
/// <summary>
/// 解码后的贴图宽度
/// </summary>
private int Width = 100;
/// <summary>
/// 解码后的贴图高度
/// </summary>
private int Height = 100;

#endregion

#region 数据处理

/// <summary>
/// 处理接收的视频数据
/// </summary>
/// <param name="_byteData">数组数据来自网络组件（UDP）接收到的视频数据</param>
public void Action_ProcessData(byte[] _byteData)
{
    //组件可用
    if (!enabled) return;
    //将脏数据直接丢弃
    if (_byteData.Length <= 8) return;
    //获取数据增量 ID
    int _dataID = BitConverter.ToInt32(_byteData, 0);
    //数据增量不同，直接丢弃之前的数据，避免形成累积延迟
    if (_dataID != dataID) receivedLength = 0;
    //将当前数据增量 ID 赋值为数据包数据增量 ID
    dataID = _dataID;
    //获取数据包的数据长度
```

```csharp
    var dataLength = BitConverter.ToInt32(_byteData, 4);
    //获取数据位置
    int _offset = BitConverter.ToInt32(_byteData, 8);
    //获取贴图宽度
    Width = BitConverter.ToInt32(_byteData, 12);
    //获取贴图高度
    Height = BitConverter.ToInt32(_byteData, 16);
    //累积接收的数据长度
    if (receivedLength == 0) dataByte = new byte[dataLength];
    //实际接收的数据长度
    receivedLength += _byteData.Length - 20;
    //添加到累积数据中
    Buffer.BlockCopy(_byteData, 20, dataByte, _offset, _byteData.Length - 20);
    //允许进行数据处理
    if (ReadyToGetFrame)
    {
        //接收的数据量与数据长度一致
        if (receivedLength == dataLength)
        {
            StopAllCoroutines();
            StartCoroutine(ProcessImageData(_byteData));
        }
    }
}


/// <summary>
/// 图像显示
/// </summary>
/// <param name="dataByte">图像数据</param>
IEnumerator ProcessImageData(byte[] dataByte)
{
    //等待指定时间
    yield return new WaitForSeconds(DecoderDelay);
    //阻塞其他入口
    ReadyToGetFrame = false;
    //定义指定大小的 2D 贴图
    if(ReceivedTexture == null)  ReceivedTexture = new Texture2D(Width, Height);
    //将数据加载到 2D 贴图中
    ReceivedTexture.LoadImage(dataByte);
    //给需要显示的材质赋值
    Renderer.sharedMaterials[0].mainTexture = ReceivedTexture;
    //本帧播放结束，放开入口
    ReadyToGetFrame = true;
    yield return null;
}


#endregion

#region Unity
```

```
/// <summary>
/// 启动组件
/// </summary>
void Start() { Application.runInBackground = true; }
/// <summary>
/// 禁用组件
/// </summary>
private void OnDisable() { StopAllCoroutines(); }

#endregion
}
```

7.4 本章总结

本章全面介绍了 Unity 中音频、视频的数字化及网络传输、接收、解码的流程。

本章内容大部分为脚本内容，读者要根据讲解和注释分清每部分代码的功能及使用方法，将其吸收、转化为自己的知识并灵活运用。

第8章 桌面平台音视频通信实现

8.1 引言

桌面平台是区别于移动平台的平台，一般指个人计算机，分台式机及笔记本，现在，有些平板电脑的功能越来越趋近于笔记本，界限越来越模糊了，但是最终对桌面平台的归类是取决于操作系统的，不同的操作系统在 Unity 中有不同的配置、不同的构建方式。在音视频通信项目及应用程序方面，跨平台音视频通信是可以满足大部分平台的。

根据前几章的讲解及示例，读者已经大致了解了网络通信的原理及代码实现方式。本章主要使用 Unity 进行环境搭建，并且发布可以运行的音视频通信桌面应用程序。

8.2 构建设置

8.2.1 开发平台

桌面平台又称为独立平台，Unity 支持大部分操作系统，可以构建 Windows、macOS 和 Linux 平台的应用程序。但是这 3 种操作系统的程序构建与设置略有不同，本节使用 Windows 操作系统进行讲解。

在 Unity 软件中，在菜单栏中执行 File→Build Settings...命令，即可打开 Build Settings 窗口，如图 8-1 所示。

Platform（平台列表）：默认只支持 PC 平台，列表中的其他选项可能是灰色的，此处选择 PC, Mac & Linux Standalone 选项即可。

Target Platform：目标平台，如果选择 Windows 选项，则以 Windows 平台为构建目标；如果选择 macOS 选项，则以 macOS 平台为构建目标；如果选择 Linux 选项，则以 Linux 平台为构建目标。

Architecture：架构设置，该下拉列表在 macOS 平台上是不可用的，在 Windows 和 Linux 平台上，可以根据需要选择发布的应用程序架构。

Server Build：服务器构建，勾选该复选框，可以构建播放器，以供服务器使用，没有视觉元素（无头），无须任何命令行选项。在勾选该复选框后，Unity 可以使用 UNITY_SERVER define 构建托管脚本，因此可以为应用程序编写特定服务器的代码；还可以构建 Windows 版本作为控制台应用程序，以便控制台输入/输出。在默认情况下，Unity 日志会被输出到控制台中。

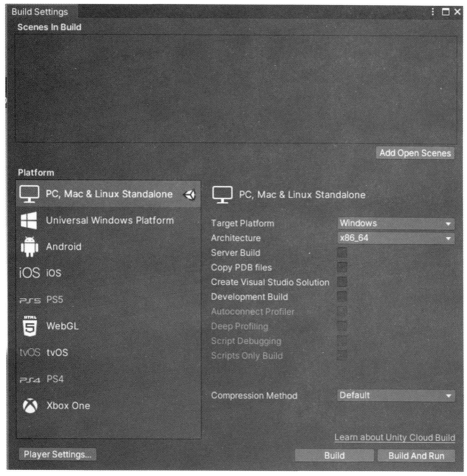

图 8-1

Copy PDB files：主要用于复制 PDB 文件，只在 Windows 平台上可用。勾选该复选框，可以在构建的独立平台播放器（Standalone Player）中包含 Microsoft 程序数据库（PDB）文件。PDB 文件中包含应用程序的调试信息（用于调试应用程序）。复制 PDB 文件可能会增加播放器的大小，因此，对于要发布的构建版本，应取消勾选该复选框。在默认情况下，取消勾选该复选框。

Create Visual Studio Solution：主要用于创建 Visual Studio 解决方案，只在 Windows 平台上可用。勾选该复选框，可以为项目生成 Visual Studio 解决方案文件，以便在 Visual Studio 中构建最终的可执行文件。

Create Xcode Project：图 8-1 中没有该属性，因为该属性只在 macOS 平台上可用，勾选该复选框，可以生成 Xcode 项目，从而利用 Xcode 构建最终的应用程序捆绑包。Xcode 具有进行代码签名和将应用程序上传到 Mac App Store 中的内置支持。

Development Build：勾选该复选框，可以在构建版本中包含脚本调试符号及性能分析器（Profiler）。在勾选该复选框后，会设置 DEVELOPMENT_BUILD 脚本的 define 指令。当需要测试应用程序时，应该勾选该复选框。

Autoconnect Profiler：只有在勾选 Development Build 复选框后，该属性才可用。在勾选该复

选框后，Unity 性能分析器（Unity Profiler）会自动连接到当前构建版本。

Deep Profiling：只有在勾选 Development Build 复选框后，该属性才可用。在勾选该复选框后，Unity 性能分析器可以通过分析每个函数，调用更详细的数据，可能会降低脚本执行速度。

Script Debugging：只有在勾选 Development Build 复选框后，该属性才可用。在勾选该复选框后，Unity 会将调试符号添加到脚本代码中。

Scripts Only Build：只有在勾选 Development Build 复选框后，该属性才可用。在勾选该复选框后，可以只为应用程序重建脚本，并且保持前面执行的构建版本中的数据文件不变。如果只更改应用程序中的代码，那么勾选该复选框可以显著缩短迭代时间。在构建整个项目后，才能使用该属性。

以上为 Windows 平台的构建设置。此外，Unity 会将日志文件写入以下路径。

`%USER PROFILE%\AppData\LocalLow\CompanyName\ProductName`

Unity 会将 PlayerPrefs 存储于以下路径下。

`HKCU\Software\AppDataLow\Software\CompanyName\ProductName。`

8.2.2　Player 设置

在 Build Settings 窗口中单击 Player Settings...按钮，打开 Player 设置面板，如图 8-2 所示。

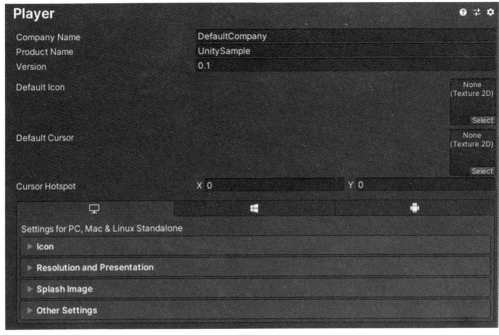

图 8-2

根据实际情况设置公司与产品的名称。

Icon 部分主要用于对独立平台播放器的 Icon 进行设置。

Resolution and Presentation 部分主要用于自定义发布的应用程序的屏幕外观，如图 8-3 所示。

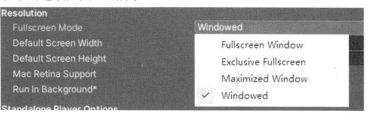

图 8-3

其中，Resolution 部分的 Fullscreen Mode 为选择全屏模式，主要用于定义启动时的默认窗口模式，该下拉列表中的选项如图 8-4 所示。

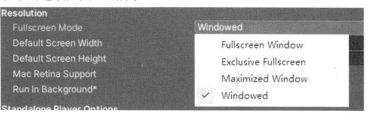

图 8-4

- Fullscreen Window：将应用程序窗口分辨率设置为显示器的全屏原始分辨率。Unity 使用脚本设置的分辨率（或在构建的应用程序启动时用户选择的分辨率）渲染应用程序画面，但会对其进行缩放，以便填充窗口。在进行缩放时，Unity 会在渲染输出中添加黑条，用于匹配 Player 设置面板中设置的宽高比，从而防止拉伸画面。这个过程称为边框化（Letterboxing）。

- Exclusive Fullscreen：设置应用程序，用于保持对显示器的单独全屏使用。与 Fullscreen Window 模式不同，该模式会更改显示器的操作系统分辨率，用于匹配应用程序选择的分辨率。该模式仅在 Windows 平台上受支持；在其他平台上，设置将回退到 Fullscreen Window。

- Maximized Window：将应用程序窗口设置为操作系统的"最大化"模式。在 macOS 平台上，这意味着显示带有自动隐藏菜单栏和停靠栏的全屏窗口。该模式仅在 macOS 平台上受支持；在其他平台上，该设置会回退为 Fullscreen Window 模式。

- Windowed：将应用程序窗口设置为标准的非全屏可移动窗口，其大小取决于应用程序的分辨率。如果采用该模式，那么在默认情况下，可以调整窗口大小。如果要禁用该模式，则需要禁用 Resizable Window 设置。默认采用该模式。

Default Is Native Resolution：勾选该复选框，可以使应用程序使用目标机器的默认分辨率。如果将 Fullscreen Mode 设置为 Windowed，那么该复选框不可用。

Default Screen Width：设置应用程序窗口的默认宽度（以像素为单位）。仅在将 Fullscreen Mode 设置为 Windowed 时，该复选框才可用。

Default Screen Height：设置应用程序窗口的默认高度（以像素为单位）。仅在将 Fullscreen Mode 设置为 Windowed 时，该复选框才可用。

Mac Retina Support：勾选该复选框，可以在 macOS 平台上启用高 DPI（Retina）屏幕支持，该功能可以增强 Retina 显示屏上的项目显示效果，但在激活状态下会有点耗费资源。Unity 默认勾选该复选框。

Run In background：勾选该复选框，可以在应用程序失去焦点时让应用程序继续运行（而不是暂停）。

Standalone Player Options 部分主要用于指定用户自定义屏幕的方式。例如，在此处可以决定用户是否可以调整屏幕大小，以及可以同时运行多少个实例，如图 8-5 所示。

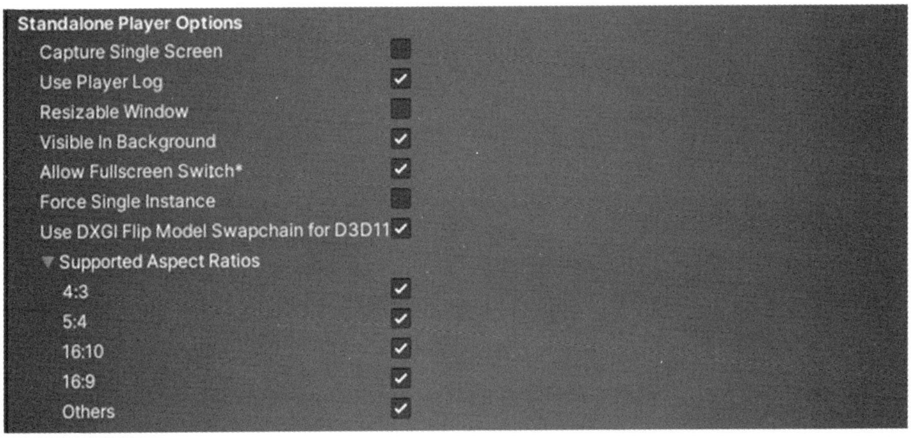

图 8-5

Capture Single Screen：勾选该复选框，可以确保在全屏模式（Fullscreen Mode）下，在独立平台上的应用程序不会使多显示屏设置中的辅助显示屏变暗。macOS 平台不支持该功能。

Use Player Log：勾选该复选框，可以向日志文件写入调试信息。默认勾选该复选框。

Resizable Window：勾选该复选框，可以允许用户调整独立平台播放器窗口的大小。需要注意的是，如果禁用该复选框，那么当前应用程序无法将 Fullscreen Mode 设置为 Windowed。

Visible in Background：如果已经将 Fullscreen Mode 设置为 Windowed 了，那么勾选该复选框，可以在背景中显示应用程序（在 Windows 平台上）。

Allow Fullscreen Switch：勾选该复选框，可以允许通过默认操作系统全屏按键在全屏模式和窗口模式之间切换。

Force Single Instance：勾选该复选框，可以将独立平台播放器限制为单个并发运行实例。

Supported Aspect RatiOS：勾选该复选框，可以设置游戏启动时出现在分辨率对话框中的每个宽高比方案（前提是用户的显示屏支持这些宽高比设置）。

以上大部分参数采用默认设置，其中 Resizable Window 复选框是需要勾选的，防止后期发布后的窗口显示不完整，方便调节。

Splash Image 部分主要用于允许用户为应用程序指定启动画面，如图 8-6 所示。

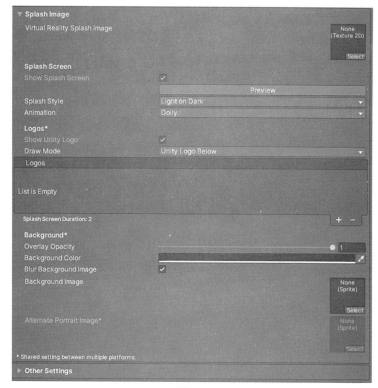

图 8-6

Other Settings 部分的内容比较多,主要用于自定义一系列选项,如图 8-7 所示。

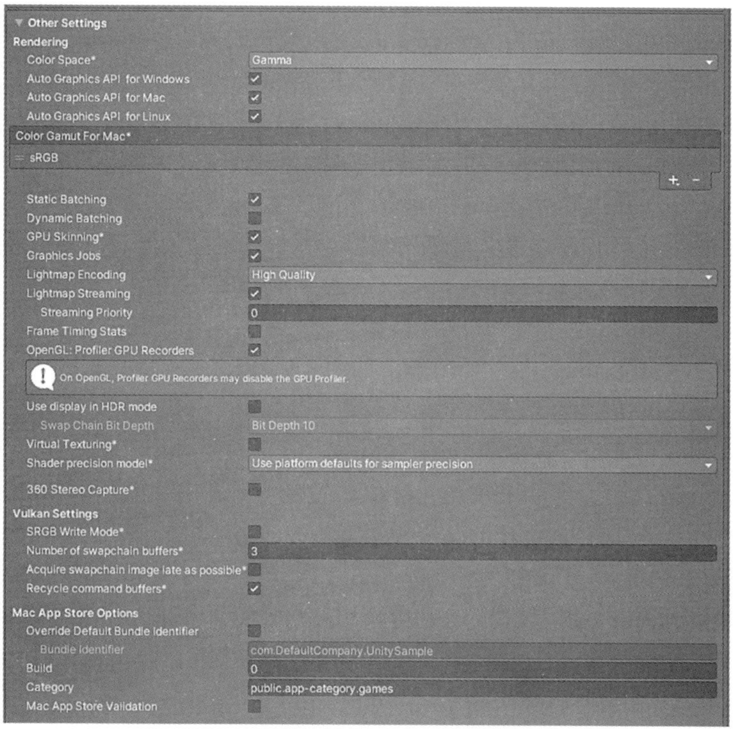

图 8-7

Rendering 区域主要用于自定义 Unity 针对独立平台渲染画面的方式。

在 Vulkan Settings 区域中，勾选 SRGB Write Mode 复选框，可以允许 Vulkan 渲染器上的 Graphics.SetSRGBWrite()在帧期间切换 SRGB 写模式。

Mac App Store Options 部分主要用于对 macOS 应用商店进行相关设置。

Configuration 区域主要用于对独立平台播放器进行设置，如图 8-8 所示。

图 8-8

Scripting Backend：选择要使用的脚本后端。脚本后端主要用于确定 Unity 如何在项目中编译和执行 C#代码。

- Mono：将 C#代码编译为.NET 通用中间语言（CIL）并使用公共语言运行时执行该 CIL。
- IL2CPP：首先将 C#代码编译为 CIL，然后将 CIL 转换为 C++代码，最后将 C++代码编译为本机机器代码，在运行时直接执行该代码。

API Compatibility Level：选择可以在项目中使用的.NET API。此设置可能会影响与第三方库的兼容性。

- .Net Standard 2.0：兼容.NET Standard 2.0。生成较小的构建目标并具有完整的跨平台支持。
- .Net 4.x：兼容.NET Framework 4（包括.NET Standard 2.0 配置文件中的所有内容及其他 API）。如果使用的库需要访问.NET Standard 2.0 中未包含的 API，则选择该选项，从而生成更大的构建目标，并且任何可用的其他 API 不一定在所有平台上都受支持。

C++ Compiler Configuration：选择在编译 IL2CPP 生成的代码时使用的 C++编译器配置。

Use incremental GC：使用增量式垃圾回收器，这种垃圾回收器可以将垃圾收集工作分布在多个帧上，因此可以在帧持续时间中减少与 GC 有关的峰值。

Active Input Handling：选择用户输入的方法。

下面继续介绍 Other Settings 部分的内容，如图 8-9 所示。

Script Compilation 区域主要用于设置编译器参数。

Optimization 区域主要用于对编辑器进行优化设置。

Stack Trace 区域主要用于选择在特定上下文中使用的日志记录类型。

在 Legacy 区域中，勾选 Clamp BlendShapes(Deprecated)复选框，可以在 SkinnedMeshRenderers 中钳制混合形状权重的范围。

以上为程序发布的相关参数设置，大部分采用默认设置，但随着学习的深入，每个参数的作用都会用到。

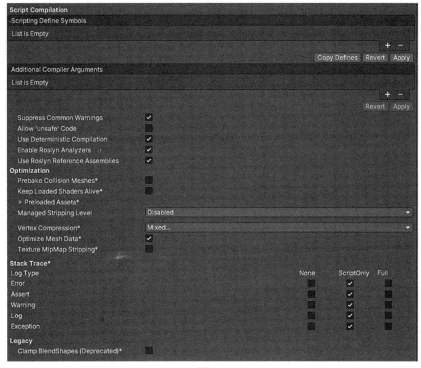

图 8-9

 项目建立

8.3.1 场景搭建

在熟悉桌面平台的设置后，下面在工程中创建新场景，并且添加一系列空物体，物体结构如图 8-10 所示。

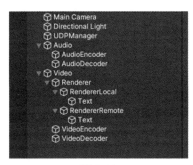

图 8-10

其中，Renderer 物体下面的 RendererLocal 与 RendererRemote 为 3D 四方体（Quad），主要用于供摄像机和接收的画面渲染使用。其他物体在前几章的应用基础上添加相应的组件，包括 UDP 脚本组件、Audio 编解码脚本组件、Video 编解码脚本组件。

物体排版很简单，如图 8-11 所示。

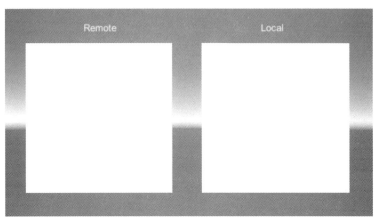

图 8-11

8.3.2　组件设置

下面对各个组件进行设置，如图 8-12 所示。

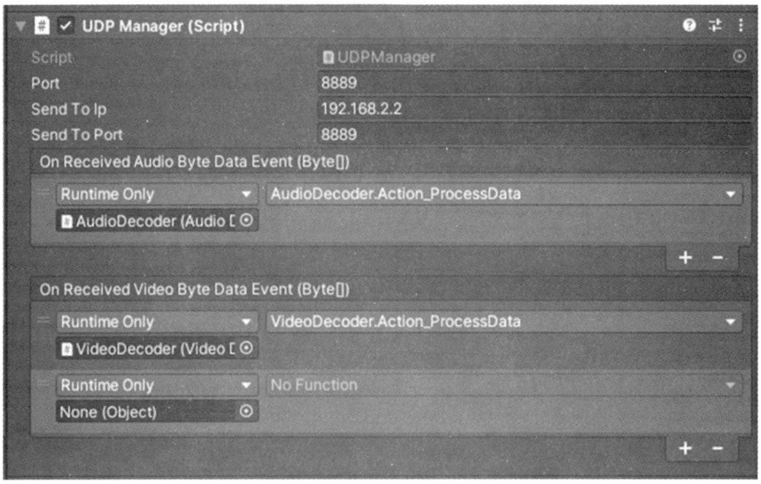

图 8-12

UDP Manager 组件需要设置端口号（Port）、转发目标 IP（Send To Ip）、转发目标端口（Send To Port）。在 On Received Audio Byte Data Event (Byte[])部分单击加号按钮，添加一个事件，因为音频接收事件是需要处理音频接收数据的，所以将 Object 设置为音频解码部分的 AudioDecoder 物体，将功能部分的处理方法设置为 Action_ProcessData。在 On Received Video Byte Data Event (Byte[])部分单击加号按钮，添加一个事件，因为视频接收事件是需要处理图像接收数据的，所以将 Object 设置为视频解码部分的 VideoDecoder 物体，将功能部分的处理方法设置为 Action_ProcessData。

Audio Encoder 音频编码组件需要设置音频设备模式（Device Mode）、音频设备名称（Device Name）、频率（Frequency）、声道（Channels）及每秒发送频率（Stream FPS），其中，音频设备名称可以为空。音频准备发送事件需要添加 UDPManager 物体并选择 ProcessSendAudioData 方法，如图 8-13 所示。

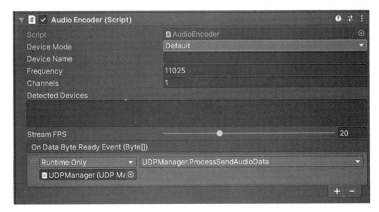

图 8-13

　　Audio Decoder 音频解码组件不需要进行额外设置，但因为音频解码脚本中指定了需要 Audio Source 组件，所以 Unity 已经自动添加了该组件，如图 8-14 所示。

图 8-14

　　Video Encoder 视频编码组件需要设置本地设备渲染显示，将 RendererLocal 物体拖入 Cam 属性，然后设置每秒发送频率（Stream FPS）、图片压缩质量（Quality）。视频准备发送事件需要添加 UDPManager 物体并选择 ProcessSendVideoData 方法，如图 8-15 所示。

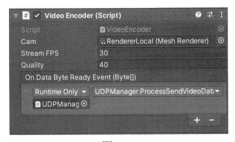

图 8-15

Video Decoder 视频解码组件需要设置解码间隔时间（Decoder Delay），默认值为 0，一般不需要修改，然后将 Renderer 属性设置为 RendererRemote，如图 8-16 所示。

图 8-16

8.3.3　测试发布

在应用程序设置完成后运行，如果顺利运行，则会显示本地摄像机图像；如果没有显示或出现错误，则需要进行修改。

在应用程序正常运行后测试发布，步骤如下。

首先在菜单栏中执行 File→Build Settings...命令，打开 Build Settings 窗口，将场景添加到 Scenes In Build 列表框中，如果当前打开的场景就是要发布的场景，则可以直接单击 Add Open Scenes 按钮，将其添加到 Scenes In Build 列表框中，并且确保该场景排在第一位。然后单击 Build 或 Build And Run 按钮，选择发布目录，等待片刻，即可打开发布目录，如图 8-17 所示。

名称	类型	大小
MonoBleedingEdge	文件夹	
UnitySample_Data	文件夹	
UnityCrashHandler64.exe	应用程序	1,101 KB
UnityPlayer.dll	应用程序扩展	27,419 KB
UnitySample.exe	应用程序	639 KB

图 8-17

在以 Windows 平台为目标构建 Unity 项目时，Unity 会生成以下文件和文件夹（其中 ProjectName 为项目名称）。

ProjectName.exe：项目可执行文件。该文件包含启动时调用 Unity 引擎的程序入口点。

UnityPlayer.dll：该 DLL 文件中包含所有本机 Unity 引擎代码。还会使用 Unity Technologies 证书对该文件进行签名，从而轻松验证引擎未被篡改。

*.pdb files：用于调试的符号文件。如果在 Build Settings 窗口中勾选了 Copy PDB files 复选框，那么 Unity 会将这些文件复制到构建目录下。

WinPixEventRuntime.dll：该 DLL 文件可以提供 Windows PIX 性能分析器支持。只有在 Build Settings 窗口中勾选 Development Build 复选框时，Unity 才会创建该文件。

ProjectName_Data folder：该文件夹中包含运行项目所需的所有数据。

8.3.4　测试运行

运行程序需要在局域网中进行测试，在发布前需要设置好目标 IP，即测试音视频通信的两台 PC 的局域网地址。

双方运行程序（无先后顺序），即可与局域网的两台终端进行音视频通信，如图 8-18 所示。

图 8-18

8.4 本章总结

　　本章主要介绍了桌面平台音视频通信实现的相关知识，包括平台特征、构建设置、场景搭建、组件设置、测试发布、测试运行等，并且在运行后可以看到相应的结果。

第9章 Android 平台音视频通信实现

9.1 引言

Android 平台属于移动平台，使用 Android 平台的设备有很多，如手机、平板电脑、Android TV 等。使用 Unity 开发的 Android 平台应用程序有很多，如游戏类的《王者荣耀》《神庙逃亡 2》等。使用 Unity 开发 Android 平台项目与开发桌面平台项目是有差异的，如窗口显示部分、权限管理部分等，需要额外注意。

本章主要使用 Unity 实现环境搭建，并且发布可以运行的 Android 平台音视频通信应用程序。此外，本章会引入前面介绍的 Shader 应用，视频发送中的 2D 纹理转 JPEG 部分将使用 CPU 运算加 GPU 运算共同完成，以便提高性能。

9.2 构建设置

9.2.1 开发平台

在 Unity 中构建 Android 应用程序，需要在 Unity Hub 中安装 Android Build Support 和所需的依赖——Android SDK & NDK Tools 及 OpenJDK，如图 9-1 所示。

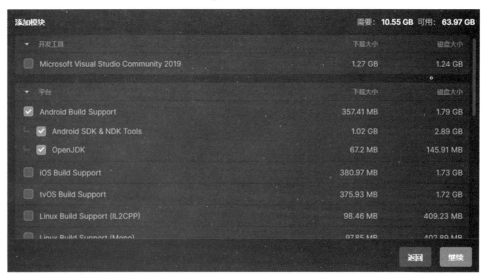

图 9-1

在 Unity 软件中，在菜单栏中执行 File→Build Settings...命令，即可打开 Build Settings 窗口，如图 9-2 所示。

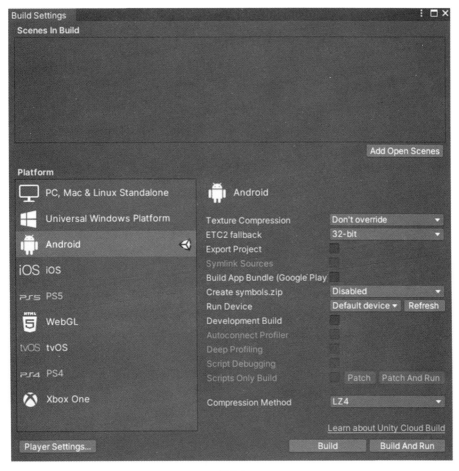

图 9-2

在 Platform 列表框中选择 Android 作为构建目标。如果 Android 不是当前的构建目标，那么在 Platform 列表框中选择它，然后单击"切换平台"按钮。

Texture Compression：Unity 使用 Ericsson 纹理压缩（ETC）格式处理没有单独纹理格式覆盖的纹理。在以特定硬件为目标构建 APK 时，使用 Texture Compression 选项覆盖此默认选项。Texture Compression 是项目的全局设置，如果纹理上有特定的覆盖，那么该纹理不受 Texture Compression 设置的影响。

ETC2 fallback：有 32 位、16 位，以及 32 位半分辨率。

Export Project：将项目导出为可以导入 Android Studio 的 Gradle 项目。

Build App Bundle (Google Play)：构建 Android App Bundle，以便将 App 发布到 Google Play 中。

Create symbols.zip：Unity 可以生成一个带有本地库符号的包，可以使用该包象征堆栈跟踪和调试应用程序。符号化是将活动内存地址转换为可以使用的信息的过程，如方法名称的转换，有助于用户了解崩溃发生的地方。

Run Device：用于测试构建结果的连接设备下拉列表。如果在连接新设备后，在该下拉列表中未发现连接的设备，则可以单击 Refresh 按钮重新加载该下拉列表。

Development Build：开发版中包含调试符号并启用性能分析器（Profiler）。在勾选该复选框后，可以选择 Autoconnect Profiler、Script Debugging 和 Scripts Only Build 选项。

Autoconnect Profiler：允许性能分析器（Profiler）自动连接到构建版本。

Script Debugging：允许脚本调试器远程连接到播放器。

Scripts Only Build：勾选该复选框，可以仅构建当前项目中的脚本。

Compression Method：在构建时压缩项目中的数据，该下拉列表中的选项如下。

- Default：默认压缩方法是 ZIP，此方法提供比 LZ4 和 LZ4HC 稍好的压缩结果，但数据解压缩的速度更慢。
- LZ4：一种快速压缩格式，对开发构建很有用。使用 LZ4 压缩可以缩短 Unity 构建的游戏/应用程序的加载时间。
- LZ4HC：LZ4 的高度压缩变体，构建速度更慢，但对发行版构建可以产生更好的结果。使用 LZ4HC 压缩可以显著缩短 Unity 构建的游戏/应用程序的加载时间。

以上为 Android 平台的构建设置。

9.2.2 Player 设置

在 Build Settings 窗口中单击 Player Settings…按钮，打开 Player 设置面板，如图 9-3 所示。

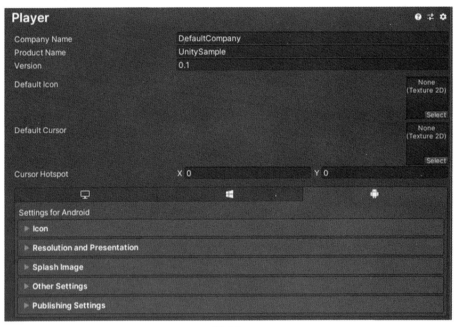

图 9-3

可以看到与 Windows 平台上的 Player 设置面板相同的部分，根据实际情况设置公司名称与产品名称，其他设置如下。

Icon 部分主要用于对独立平台播放器的 Icon 进行设置。

Resolution and Presentation 部分主要用于对自定义屏幕外观进行设置，如图 9-4 所示。

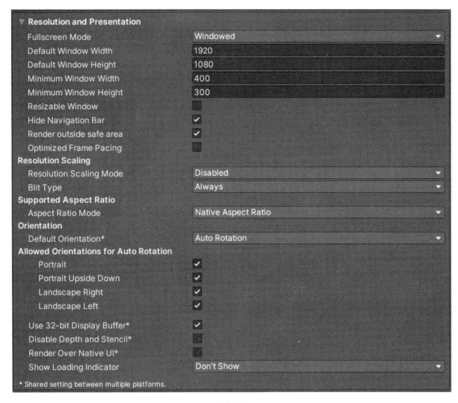

图 9-4

其中，Resolution and Presentation 部分的 Fullscreen Mode 为选择全屏模式，主要用于定义启动时的默认窗口模式，该下拉列表中的选项如图 9-5 所示。

图 9-5

- Fullscreen Window：将应用程序窗口分辨率设置为显示器的全屏原始分辨率。Unity 使用脚本设置的分辨率（或在构建的应用程序启动时用户选择的分辨率）渲染应用程序内容，但会对其进行缩放，以便填充窗口。在进行缩放时，Unity 会在渲染输出中添加黑条，用于匹配 Player 设置面板中设置的宽高比，从而防止拉伸画面。这个过程称为边框化（Letterboxing）。在该模式下，导航栏是隐藏的。它替换了 Start in fullscreen mode 选项。
- Windowed：将应用程序窗口设置为标准的非全屏可移动窗口，其大小取决于应用程序的分辨率。如果采用该模式，那么在默认情况下，可以调整窗口大小。如果要禁用该模式，则需要禁用 Resizable Window 设置。

Resizable Window：勾选该复选框，可以允许用户调整播放器窗口的大小，还可以在 Android 手机和平板电脑上启用应用程序中的多窗口功能。

Render outside safe area：勾选该复选框，可以允许用户使用所有可用的屏幕空间（包括显示屏缺口（凹口）区域）进行渲染。

Optimized Frame Pacing：勾选该复选框，可以允许 Unity 均匀地分配帧，用于减少帧率变化，从而使游戏过程更流畅。

Resolution Scaling Mode：允许将设备的屏幕分辨率缩放至等于或低于其原始分辨率。

- FixedDPI: 允许将设备的屏幕分辨率缩放至低于其原始分辨率，并且显示 Target DPI 属性。选择该选项，可以优化性能和延长电池续航时间，或者针对特定的 DPI 进行设置。
- Disabled：确保不应用缩放，并且游戏渲染屏幕原始分辨率。
- Target DPI：设置游戏画面的分辨率。如果设备的屏幕原始 DPI 高于该值，那么 Unity 会降低游戏画面分辨率，用于匹配此设置。缩放的计算公式为 min(Target DPI * Factor / Screen DPI, 1)，其中 Factor 由 Quality 设置中的 Resolution Scaling Fixed DPI Factor 进行控制。需要注意的是，只有在将 Resolution Scaling Mode 设置为 Fixed DPI 时，才会显示此选项。

Blit Type：控制是否使用 Blit 将最终图像渲染到屏幕上。

- Always：始终 Blit。使 Unity 渲染到屏幕外缓冲区，然后将其复制到系统帧缓冲区。选择该选项，可以兼容大部分设备，但通常比选择 Never 选项更慢。
- Never：从不 Blit。使 Unity 渲染到 OS 提供的帧缓冲区。如果在应用程序运行时此操作失败，那么应用程序会向设备日志输出一次性警告。选择该选项，通常比选择 Always 选项更快，但无法兼容所有设备。
- Auto：尽可能使 Unity 渲染到 OS 提供的帧缓冲区。如果满足阻止应用程序渲染到系统帧缓冲区的条件，那么应用程序会切换到屏幕外渲染，并且向设备控制台发出警告。

Supported Aspect Ratio 区域主要用于为设备设置 Aspect Ratio Mode。Aspect Ratio Mode 下拉列表中的选项包括 Legacy Wide Screen(1.86)、Native Aspect Ratio 和 Custom。如果选择 Custom 选项，则会出现 Up To 属性，该属性主要同于设置自定义的最大屏幕宽度。

Orientation 区域中的 Default Orientation 主要用于设置游戏的屏幕方向。

- Portrait：主屏幕按钮显示在底部。
- Portrait Upside Down：主屏幕按钮显示在顶部。
- Landscape Left：主屏幕按钮显示在右侧。
- Landscape Right：主屏幕按钮显示在左侧。
- Auto Rotation：允许屏幕自动旋转到 Allowed Orientations for Auto Rotation 设置的方向。该选项为默认选项。需要注意的是，iOS 和 Android 设备共享此设置。

在将游戏的屏幕方向设置为 Auto Rotation 时，会显示 Allowed Orientations for Auto Rotation 下拉列表，其选项如下。

- Portrait：允许纵向方向。
- Portrait Upside Down：允许纵向上下翻转方向。
- Landscape Right：允许横向右侧方向（主屏幕按钮位于左侧）。
- Landscape Left：允许横向左侧方向（主屏幕按钮位于右侧）。

Allowed Orientations for Auto Rotation 区域的介绍如下。

Use 32-bit Display Buffer：勾选该复选框，可以创建显示缓冲区，用于存储 32 位颜色值（默认为 16 位）。如果在后期处理效果中看到条带或需要使用 Alpha，那么勾选该复选框，可以使用与显示缓冲区相同的格式创建渲染纹理。

Disable Depth and Stencil：勾选该复选框，可以禁用深度和模板缓冲区。

Render Over Native UI：如果希望 Unity 在 Android 或 iOS 操作系统的 UI 上进行渲染，那么建议勾选该复选框。摄像机的 Clear Flags 必须设置为 Solid color，并且 Alpha 的值小于 1，此属性才能生效。

Show Loading Indicator：设置显示加载指示符的方式，该下拉列表中的选项包括 Don't Show、Large、Inversed Large、Small 和 Inversed Small。

Splash Image 部分主要用于设置 Android 平台的启动画面，如图 9-6 所示。

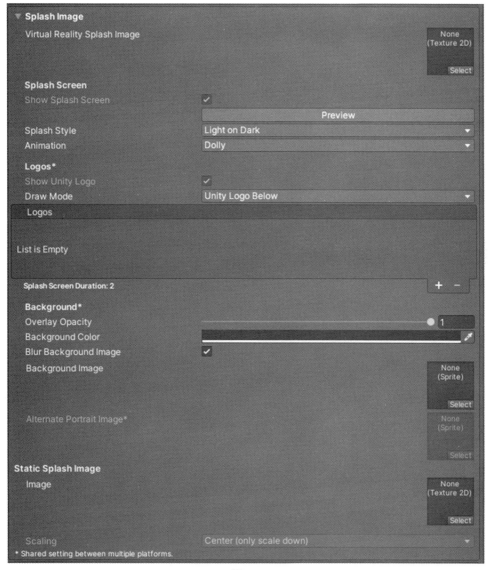

图 9-6

在 Android 平台上，Other Settings 部分的内容也比较多，部分设置与 PC 平台上的设置相同或类似，下面介绍 Android 平台上 Other Settings 部分的独特设置，如图 9-7 与图 9-8 所示。

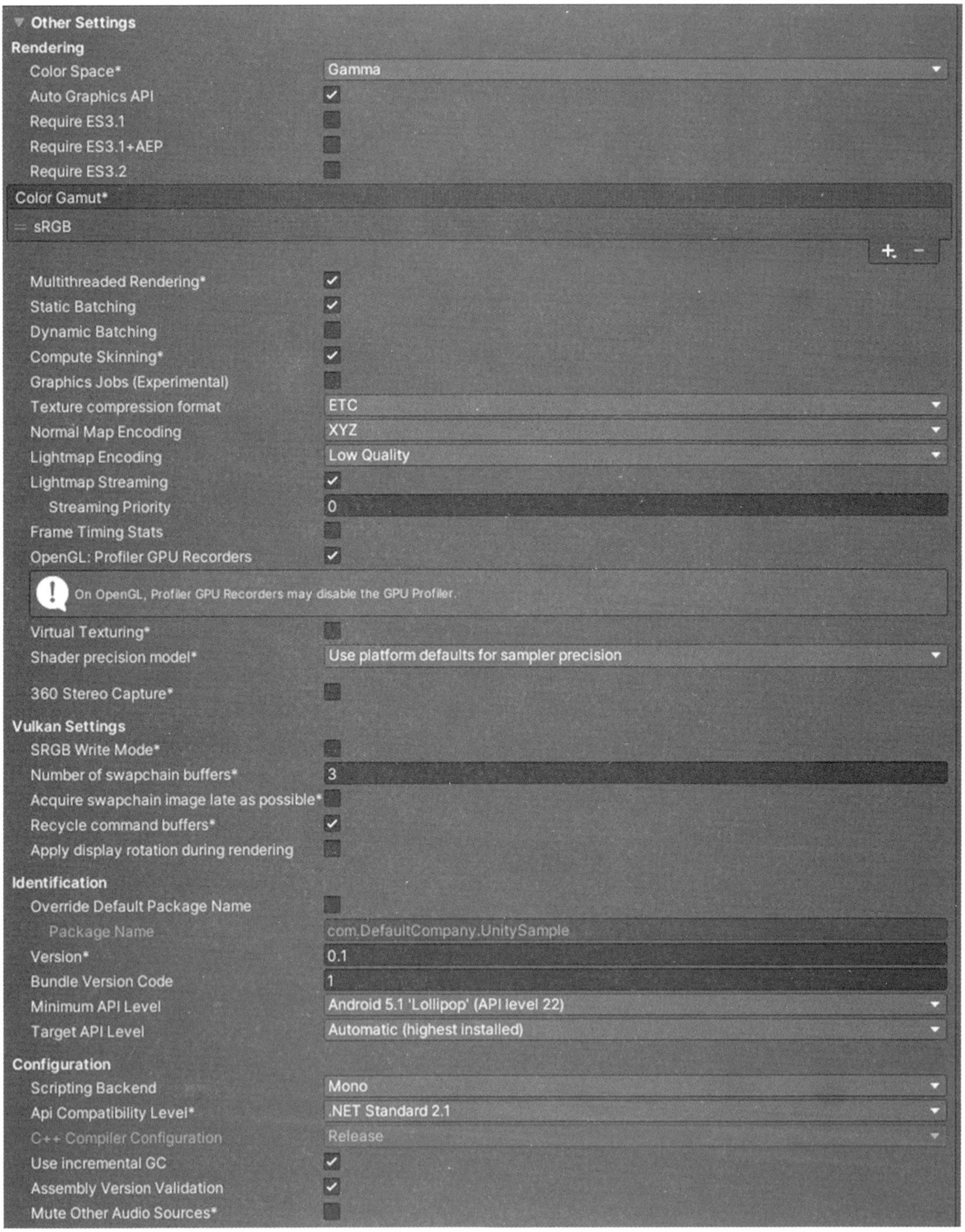

▼ Other Settings
Rendering
Color Space*   Gamma
Auto Graphics API   ☑
Require ES3.1   □
Require ES3.1+AEP   □
Require ES3.2   □

Color Gamut*
═ sRGB

                  + −

Multithreaded Rendering* ☑
Static Batching   ☑
Dynamic Batching   □
Compute Skinning*   ☑
Graphics Jobs (Experimental) □
Texture compression format ETC
Normal Map Encoding   XYZ
Lightmap Encoding   Low Quality
Lightmap Streaming   ☑
  Streaming Priority   0
Frame Timing Stats   □
OpenGL: Profiler GPU Recorders ☑

🛈 On OpenGL, Profiler GPU Recorders may disable the GPU Profiler.

Virtual Texturing*   □
Shader precision model* Use platform defaults for sampler precision

360 Stereo Capture*   □

Vulkan Settings
SRGB Write Mode*   □
Number of swapchain buffers* 3
Acquire swapchain image late as possible* □
Recycle command buffers* ☑
Apply display rotation during rendering □

Identification
Override Default Package Name □
 Package Name   com.DefaultCompany.UnitySample
Version*   0.1
Bundle Version Code   1
Minimum API Level   Android 5.1 'Lollipop' (API level 22)
Target API Level   Automatic (highest installed)

Configuration
Scripting Backend   Mono
Api Compatibility Level* .NET Standard 2.1
C++ Compiler Configuration Release
Use incremental GC   ☑
Assembly Version Validation ☑
Mute Other Audio Sources* □

图 9-7

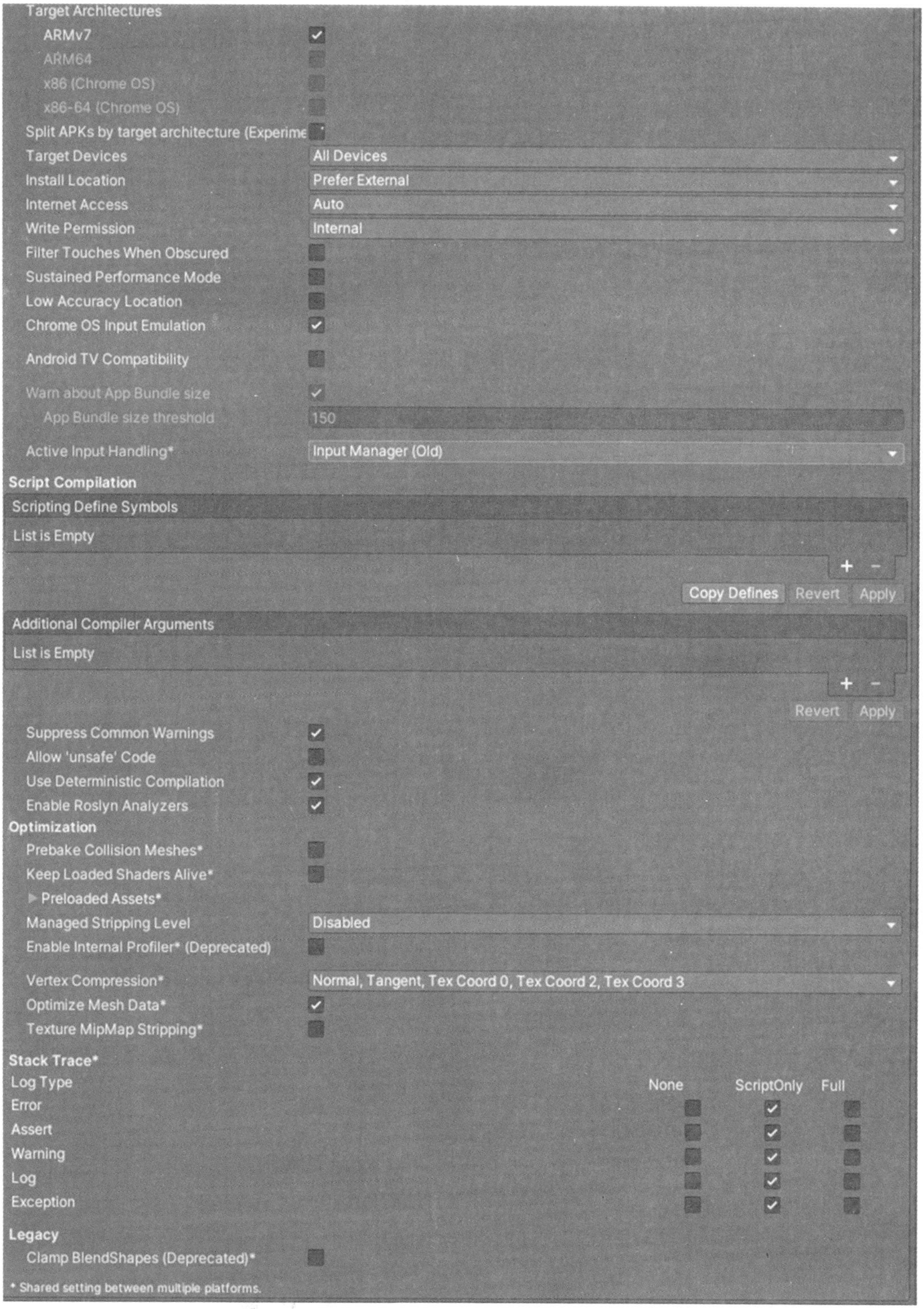

Target Architectures
　　ARMv7　☑
　　ARM64　☐
　　x86 (Chrome OS)　☐
　　x86-64 (Chrome OS)　☐
Split APKs by target architecture (Experime　☐

Target Devices	All Devices
Install Location	Prefer External
Internet Access	Auto
Write Permission	Internal

Filter Touches When Obscured　☐
Sustained Performance Mode　☐
Low Accuracy Location　☐
Chrome OS Input Emulation　☑

Android TV Compatibility　☐

Warn about App Bundle size　☑
　　App Bundle size threshold　150

Active Input Handling*　Input Manager (Old)

Script Compilation
Scripting Define Symbols
List is Empty

　　　　　　　　　　　　　　　　　　＋　−
　　　　　　　　　　　Copy Defines　Revert　Apply

Additional Compiler Arguments
List is Empty

　　　　　　　　　　　　　　　　　　＋　−
　　　　　　　　　　　　　　　Revert　Apply

Suppress Common Warnings　☑
Allow 'unsafe' Code　☐
Use Deterministic Compilation　☑
Enable Roslyn Analyzers　☑
Optimization
Prebake Collision Meshes*　☐
Keep Loaded Shaders Alive*　☐
▶ Preloaded Assets*
Managed Stripping Level　Disabled
Enable Internal Profiler* (Deprecated)　☐

Vertex Compression*　Normal, Tangent, Tex Coord 0, Tex Coord 2, Tex Coord 3
Optimize Mesh Data*　☑
Texture MipMap Stripping*　☐

Stack Trace*

Log Type	None	ScriptOnly	Full
Error	☐	☑	☐
Assert	☐	☑	☐
Warning	☐	☑	☐
Log	☐	☑	☐
Exception	☐	☑	☐

Legacy
Clamp BlendShapes (Deprecated)*　☐

* Shared setting between multiple platforms.

图 9-8

Rendering 区域主要用于自定义 Unity 针对 Android 平台渲染游戏的方式。

Color Space：设置用于渲染的颜色空间，选项包括 Gamma 和 Linear。

Auto Graphics API：取消勾选该复选框，可以手动选择和重新排序图形 API（OpenGL）。默认勾选复选框，并且 Unity 会尝试采用 GLES 3.2。如果设备不支持 GLES 3.2，那么 Unity 会回退到 GLES 3.1、GLES 3 或 GLES 2。如果列表中只有 GLES 3，则会出现其他复选框：Require ES3.1、Require ES3.1+AEP 和 Require ES3.2，这些复选框允许强制使用相应的图形 API。需要注意的是，仅当 GLES 2 不在列表中，并且将 Minimum API Level 设置为 JellyBean（API 级别 18）或更高版本时，Unity 才会将 GLES 3/GLES 3.1/AEP/3.2 要求添加到 Android 清单中，应用程序才不会显示在不受支持的设备的 Google Play 中。

Color Gamut 区域主要于为 Android 平台添加或删除色域，以便进行渲染。单击加号按钮，可以查看可用色域列表。色域主要用于定义指定设备（如监视器或屏幕）可以使用的颜色范围。sRGB 色域是默认色域，也是必需色域。如果目标设备是具备宽色域显示屏的设备，则可以使用 DisplayP3，充分利用其显示能力。

Multithreaded Rendering：勾选该复选框，可以将 Unity 主线程中的图形 API 调用移动到单独的工作线程中，从而提高主线程上 CPU 使用率很高的应用程序的性能。

Static Batching：勾选该复选框，可以在构建过程中使用静态批处理（默认勾选该复选框）。

Dynamic Batching：勾选该复选框，可以在构建过程中使用动态批处理（默认勾选该复选框）。需要注意的是，在可编程渲染管线被激活后，动态批处理无效，所以仅当 Graphics Settings 中未设置编程渲染管线资源时，该设置才可见。

Compute Skinning：勾选该复选框，可以使用 GPU 计算蒙皮，从而释放 CPU 资源。在支持 OpenGL ES 3.1 或 Vulkan 的设备上都支持计算蒙皮。

Graphics Jobs(Experimental)：勾选该复选框，可以指示 Unity 将图形任务（渲染循环）卸载到其他 CPU 核心上运行的工作线程中，从而减少主线程上 Camera.Render 花费的时间。需要注意的是，Unity 目前仅在使用 Vulkan 时支持图形作业（Graphics Jobs），在使用 OpenGL ES 时该设置无效。

Normal Map Encoding：主要用于设置法线贴图编码，该下拉列表中的选项包括 XYZ 和 DXT5nm。该设置会影响法线贴图的编码方案和压缩格式。如果选择 DXT5nm 选项，那么法线贴图的质量更高，但在着色器中的解码成本也更高。

Lightmap Encoding：主要用于设置光照贴图编码，该下拉列表中的选项包括 Low Quality、Normal Quality 和 High Quality。该设置会影响光照贴图的编码方案和压缩格式。

Lightmap Streaming：勾选该复选框，即可根据需要加载光照贴图 Mipmap。如果要渲染当前游戏摄像机，那么 Unity 会在生成纹理时将该值应用于光照贴图纹理。需要注意的是，要使用该值，需要启用 Texture Streaming Quality 设置。

Streaming Priority：定义在争用资源时光照贴图 Mipmap 的串流优先级，取值范围为-127～128，其中正数表示更高的优先级。仅在勾选 Lightmap Streaming 复选框时，该属性才可用。需要注意的是，要使用该值，需要启用 Texture Streaming Quality 设置。

Frame Timing Stats：收集有关帧在 CPU 和 GPU 上花费的时间的统计信息。

Vulkan Settings 区域的介绍如下。

SRGB Write Mode：勾选该复选框，可以允许 Vulkan 渲染器上的 Graphics.SetSRGBWrite() 在帧期间切换 sRGB 写模式，但对性能有负面影响。

Number of swapchain buffers：将该属性值设置为 2，表示双缓冲；将该属性值设置为 3，表示三缓冲。双缓冲可能会对性能产生负面影响。

　　Acquire swaichain image late as possible：勾选该复选框，可以在显示图像前获取后备缓冲区图像。如果采用双缓冲，则可能会提高性能，但在 Android 平台上应避免使用双缓冲，因为它会提高额外的内存带宽成本。

　　Apply display rotation during rendering：勾选该复选框，可以按显示的原生方向进行渲染，这在许多设备上具有性能优势。

　　Identification 区域主要用于对 Android 平台的包进行设置。

　　Override Default Package Name：应用程序 ID，主要用于在设备和 Google Play 中唯一标识应用程序。

　　Bundle Version Code：内部版本号。

　　Minimum API Level：最低 API 版本。

　　Target API Level：目标 API 版本。

　　Configuration 区域的介绍如下。

　　Scripting Backend：选择要使用的脚本后端。脚本后端决定 Unity 如何在项目中编译和执行 C#代码。

- Mono：将 C#代码编译为.NET 通用中间语言（CIL），并且使用公共语言运行时执行该 CIL。
- IL2CPP：首先将 C#代码编译为 CIL，然后将 CIL 转换为 C++代码，最后将 C++代码编译为本机机器代码，该机器代码可以在运行时直接执行。

　　Api Compatibility Level：选择可以在项目中使用的.NET API 运行时。此设置可能会影响与第三方库的兼容性。

- .Net 2.0：最高的.NET 兼容性，最大的文件大小。属于已弃用的.NET 3.5 运行时。
- .Net 2.0 Subset：完整.NET 兼容性的子集，最小的文件大小。属于已弃用的.NET 3.5 运行时。
- .Net Standard 2.0：兼容.NET Standard 2.0。生成较小的构建目标并具有完整的跨平台支持。
- .Net 4.x：兼容.NET Framework 4（包括.NET Standard 2.0 配置文件中的所有内容及其他 API）。如果使用的库需要访问.NET Standard 2.0 中未包含的 API，则选择该选项，可以生成更大的构建目标，并且可用的其他 API 不一定在所有平台上都受支持。

　　C++ Compiler Configuration：选择在编译 IL2CPP 生成的代码时使用的 C++编译器配置。

　　Use incremental GC：勾选该复选框，表示使用增量式垃圾回收器，这种垃圾回收器可以将垃圾收集工作分布在多个帧上，从而在帧持续时间中减少与 GC 有关的峰值。

　　Mute Other Audio Sources：如果勾选该复选框，那么 Unity 应用程序会从后台运行的应用程序中停止播放音频；如果不勾选该复选框，那么来自后台应用程序的音频会继续与 Unity 应用程序一起播放。

　　Target Architectures：选择允许在哪些 CPU 上运行应用程序（32 位 ARM、64 位 ARM 和 32 位 x86 和 64 位 x86－64）。

　　Split APKs by target architecture (Experimental)：勾选该复选框，可以为 Target Architectures 中选择的每个 CPU 架构创建单独的 APK。因此，Google Play 用户的下载文件会变小。这是 Google Play 的特色功能，在其他应用商店中可能无效。

　　Target Devices：指定允许运行 APK 的目标设备。

Install Location：指定设备上的应用程序安装位置。

Internet Access：选择是否始终将网络权限添加到 Android 清单中（即使没有使用任何网络 API）。在默认情况下，对于开发版，选择 Require 选项。

Write Permission：选择是否启用对外部存储（如 SD 卡）的写访问权限，并且为 Android 清单添加相应的权限。在默认情况下，对于开发版，选择 External(SDCard)选项。

Filter Touches When Obscured：勾选该复选框，可以忽略另一个可见窗口覆盖 Unity 应用程序时收到的触摸操作，从而防止单击劫持。

Sustained Performance Mode：勾选该复选框，可以在较长时间内设置可预测且一致的设备性能级别，而无须考虑热节流，但整体性能可能会降低。本功能主要基于 Android Sustained Performance API。

Low Accuracy Location：勾选该复选框，可以使用 Android 位置 API 提供的低精度值。

Android TV Compatibility：勾选该复选框，可以将应用程序标记为兼容 Android TV。

Warn about App Bundle size：勾选该复选框，可以在 Android App Bundle 超过特定阈值时收到警告。默认勾选该复选框。仅当在 Build Settings 窗口中启用了 Build App Bundle (Google Play) 选项时，才能配置该属性。

Script Compilation 区域的介绍如下。

Scripting Define Symbols：脚本定义符号列表。

Additional Compiler Arguments：其他编译器参数可以将条目添加到此列表中，用于将其他参数传递给 Roslyn 编译器。

Suppress Common Warnings：如果不勾选该复选框，则可以显示 C#警告 CS0169 和 CS0649。

Allow 'unsafe' Code：勾选该复选框，可以在预定义程序集中编译"不安全"的 C#代码（如程序集 CSharp.dll）。

Use Deterministic Compilation：如果不勾选该复选框，则可以防止使用确定性 C#标志进行编译；如果勾选该复选框，那么编译组件每次编译时的字节都是相同的。

Enable Roslyn Analyzers：如果不勾选该复选框，则可以在项目中不存在 Roslyn 编译器 DLL 的情况下编译用户编写的脚本。

Optimization 区域的介绍如下。

Prebake Collision Meshes：勾选该复选框，可以在构建时将碰撞数据添加到网格中。

Keep Loaded Shaders Alive：勾选该复选框，可以防止卸载着色器。

Preloaded Assets：设置一个资源数组，用于供播放器在启动时加载。如果要添加新资源，则需要增大 Size 属性的值，然后在新出现的 Element 框中设置对要加载的资源的引用。

Managed Stripping Level：定义 Unity 剥离未使用的托管（C#）代码时的激进程度。

Enable Internal Profiler (Deprecated)：勾选该复选框，可以在测试项目时从 Android SDK 的 adb logcat 输出中获取设备中的性能分析器数据。该属性适用于开发版。

Vertex Compression：设置每个通道的顶点压缩。例如，可以为除位置和光照贴图 UV 外的所有内容启用压缩功能，为所有网格使用精度较低的数据格式。其他内容都遵循这些顶点压缩设置。

Optimize Mesh Data：勾选该复选框，可以从网格中删除应用于网格的材质不需要的所有数据（如切线、法线、颜色和 UV）。

Stack Trace 区域主要用于选择在特定上下文中允许的日志记录类型。

在 Legacy 区域中，勾选 Clamp BlendShapes (Deprecated)复选框，可以在 SkinnedMeshRenderers 中钳制混合形状权重的范围。

Publishing Settings 部分主要用于配置 Unity 构建 Android 应用程序的方式，如图 9-9 所示。

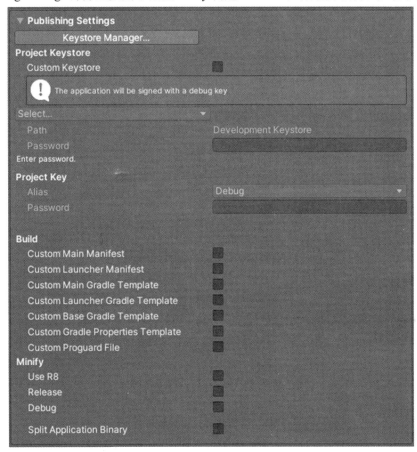

图 9-9

Project Keystore 区域：密钥库，主要用于存储签名密钥，从而保证应用程序的安全性。

Custom Keystore：勾选该复选框，可以加载和使用现有密钥库。

Select：如果勾选了 Custom Keystore 复选框，则可以在该下拉列表中选择要使用的密钥库。该下拉列表中的密钥库存储于预定义专用位置中。

Path：密钥库路径。Unity 会基于所选择的密钥库提供该路径。

Password：密钥库密码，用于加载所选的密钥库。

Project Key 区域：在加载密钥库时，Unity 会加载该密钥库中的所有密钥。使用 Project Key 设置可以从该密钥库中选择一个密钥，将其作为打开项目的活动密钥。

Alias：选择用于打开项目的密钥。

Password：密钥密码。

Build 区域：在默认情况下，Unity 可以使用 Android 清单、Gradle 模板和 Proguard 文件构建应用程序，在 Build 区域可以对这些内容进行修改。

Custom Main Manifest：Android LibraryManifest.xml 文件的可自定义版本。该文件中包含关于 Android 应用程序的重要元数据。

Custom Launcher Manifest：Android LauncherManifest.xml 文件的可自定义版本。该文件中包含关于 Android 应用程序启动器的重要元数据。

Custom Main Gradle Template：mainTemplate.gradle 文件的可自定义版本。该文件中包含关于如何将 Android 应用程序构建为库的信息。

Custom Launcher Gradle Template：launcherTemplate.gradle 文件的可自定义版本。该文件中包含关于如何构建 Android 应用程序的说明。

Custom Base Gradle Template：baseProjectTemplate.gradle 文件的可自定义版本。该文件中包含在所有其他模板与 Gradle 项目之间共享的配置。

Custom Gradle Properties Template：Template gradle.properties 文件的可自定义版本。该文件中包含 Gradle 构建环境的相关配置，具体如下。

- JVM（Java 虚拟机）内存配置。
- 允许 Gradle 使用多个 JVM 进行构建的属性。
- 选择工具进行缩小的属性。
- 在构建应用程序包时不压缩原生库的属性。

Custom Proguard File：proguard.txt 文件的可自定义版本。该文件中包含缩小过程的相关配置。如果缩小会移除一些应该保留的 Java 代码，则应该添加规则，用于将该代码保留在该文件中。

Minify 区域：一种缩减、混淆和优化应用程序代码的过程，它可以减少代码并使代码更难以反汇编。在该区域可以定义 Unity 应何时及如何将缩小应用于构建。在通常情况下，仅将缩小应用于发布构建（而不是调试构建）是一种很好的做法，因为缩小需要时间，可能会使构建速度变慢。由于代码经过优化，因此会使调试更加复杂。

Use R8：在默认情况下，Unity 使用 Proguard 进行缩小操作，勾选该复选框，可以改为使用 R8 进行缩小操作。

Release：勾选该复选框，可以使 Unity 在发布构建过程中缩减应用程序的代码。

Debug：勾选该复选框，可以使 Unity 在调试构建过程中缩减应用程序的代码。

Split Application Binary：勾选该复选框，可以将输出包拆分为主包（APK）和扩展包（OBB）。如果要发布大于 100MB 的应用程序，那么 Google Play 需要该功能。

以上为 Android 平台的相关设置，大部分参数采用默认设置，但随着学习的深入，需要根据项目配置与发布需求进行调节，以便实现最佳效果。

9.3　项目建立

9.3.1　场景搭建与贴图压缩

Android 平台场景与 PC 平台场景大致相同，但是本节主要介绍添加 JPEG 压缩的自定义实现部分，所以先在项目中复制 PC 平台的场景，再进行一些修改。

视频编码脚本 VideoEncoder 中的压缩功能是基于 Unity 提供的接口实现的，是 JPEG 压缩的相关自定义实现，接下来另外创建一份 JPEG 的实现版本，将其脚本命名为 VideoEncoder_GPU。

创建用于进行 GPU 计算的 ComputeShader 文件，将其命名为 JPEG，如图 9-10 所示。

图 9-10

在第 5 章中介绍过，JPEG 压缩分为 7 个步骤，接下来基于一些开源实现，首先在 GPU 中借助 ComputeShader 实现前 3 个步骤，即像素处理、FDCT 变换、使用哈夫曼表进行量化，然后将量化后的矩阵展开为一维结构数组，并且将其交给 CPU 继续处理，最后得到压缩后的数据。

像素处理是逐像素将 RGB 原色格式转换为 YUV 格式的过程，又称为将 RGB 转换为 YCrCb。但它的算法并不复杂，其在 ComputeShader 中的实现过程如下：

```
float3 RGB2Yuv(float3 color) {
    float Y = 0.299f * color.r + 0.587f * color.g + 0.114f * color.b - 128.0f;
    float u = -0.16874f * color.r + -0.33126f * color.g + 0.50000f * color.b;
    float v = 0.50000f * color.r - 0.41869f * color.g - 0.08131f * color.b;
    return float3(Y, u, v);
}
```

FDCT 变换是压缩过程中很重要的一环，变换的原因为，图像数据通常有较强的相关性，如果选用的正交矢量空间的基矢量与图像本身的主要特征接近，那么在该正交矢量空间中描述图像数据会变得更简单。经过正交变换，可以使原来分散在原空间中的图像数据在新的坐标空间中得到集中。对于大部分图像，大量变换系数很小，可以删除接近零的系数，并且对较小的系数进行粗量化，保留包含图像主要信息的系数，并且进行压缩编码。在解码重建图像时，损失的是一些不重要的信息，几乎不会导致图像失真。

8×8 的二维 FDCT 定义如下：

$$G_{u,v} = \frac{1}{4} a(u)a(v) \sum_{x=0}^{7} \sum_{y=0}^{7} g_{x,y} \cos\left[\frac{(2x+1)u\pi}{16}\right] \cos\left[\frac{(2y+1)v\pi}{16}\right]$$

FDCT 算法在 ComputeShader 中的一种代码实现如下：

```
void fdct(inout float data[64])
{
    float tmp0; float tmp1; float tmp2; float tmp3; float tmp4;    float tmp5; float
tmp6; float tmp7;    float tmp10; float tmp11; float tmp12; float tmp13;
    float z1; float z2; float z3; float z4; float z5; float z11; float z13;
    int i;
    int dataOff = 0;
    for (i = 0; i < 8; i++) {
        tmp0 = data[dataOff + 0] + data[dataOff + 7];
        tmp7 = data[dataOff + 0] - data[dataOff + 7];
        tmp1 = data[dataOff + 1] + data[dataOff + 6];
        tmp6 = data[dataOff + 1] - data[dataOff + 6];
        tmp2 = data[dataOff + 2] + data[dataOff + 5];
        tmp5 = data[dataOff + 2] - data[dataOff + 5];
        tmp3 = data[dataOff + 3] + data[dataOff + 4];
        tmp4 = data[dataOff + 3] - data[dataOff + 4];
```

```
        tmp10 = tmp0 + tmp3;
        tmp13 = tmp0 - tmp3;
        tmp11 = tmp1 + tmp2;
        tmp12 = tmp1 - tmp2;

        data[dataOff + 0] = tmp10 + tmp11;
        data[dataOff + 4] = tmp10 - tmp11;

        z1 = (tmp12 + tmp13) * 0.707106781f;
        data[dataOff + 2] = tmp13 + z1;
        data[dataOff + 6] = tmp13 - z1;

        tmp10 = tmp4 + tmp5;
        tmp11 = tmp5 + tmp6;
        tmp12 = tmp6 + tmp7;

        z5 = (tmp10 - tmp12) * 0.382683433f;
        z2 = 0.541196100f * tmp10 + z5;
        z4 = 1.306562965f * tmp12 + z5;
        z3 = tmp11 * 0.707106781f;

        z11 = tmp7 + z3;
        z13 = tmp7 - z3;

        data[dataOff + 5] = z13 + z2;
        data[dataOff + 3] = z13 - z2;
        data[dataOff + 1] = z11 + z4;
        data[dataOff + 7] = z11 - z4;

        dataOff += 8;
    }

    dataOff = 0;
    for (i = 0; i < 8; i++) {
        tmp0 = data[dataOff + 0] + data[dataOff + 56];
        tmp7 = data[dataOff + 0] - data[dataOff + 56];
        tmp1 = data[dataOff + 8] + data[dataOff + 48];
        tmp6 = data[dataOff + 8] - data[dataOff + 48];
        tmp2 = data[dataOff + 16] + data[dataOff + 40];
        tmp5 = data[dataOff + 16] - data[dataOff + 40];
        tmp3 = data[dataOff + 24] + data[dataOff + 32];
        tmp4 = data[dataOff + 24] - data[dataOff + 32];

        tmp10 = tmp0 + tmp3;
        tmp13 = tmp0 - tmp3;
        tmp11 = tmp1 + tmp2;
        tmp12 = tmp1 - tmp2;

        data[dataOff + 0] = tmp10 + tmp11;
        data[dataOff + 32] = tmp10 - tmp11;
```

```
        z1 = (tmp12 + tmp13) * 0.707106781f;
        data[dataOff + 16] = tmp13 + z1;
        data[dataOff + 48] = tmp13 - z1;

        tmp10 = tmp4 + tmp5;
        tmp11 = tmp5 + tmp6;
        tmp12 = tmp6 + tmp7;

        z5 = (tmp10 - tmp12) * 0.382683433f;
        z2 = 0.541196100f * tmp10 + z5;
        z4 = 1.306562965f * tmp12 + z5;
        z3 = tmp11 * 0.707106781f;

        z11 = tmp7 + z3;
        z13 = tmp7 - z3;

        data[dataOff + 40] = z13 + z2;
        data[dataOff + 24] = z13 - z2;
        data[dataOff + 8] = z11 + z4;
        data[dataOff + 56] = z11 - z4;

        dataOff++;
    }
}
```

在计算出 FDCT 结果数据后，需要对其进行量化处理，也就是将 CPU 中处理后的 Y 和 UV 量化表分别与相应的数据进行计算，即可得到量化后的数据。将 fdtbl 设置为 64 位 Y 或 UV 分量数组，实现过程如下：

```
for (i = 0; i < 64; i++) {
    data[i] = round(data[i] * fdtbl[i]);
}
```

在了解这些后，就认识了主要的计算过程，ComputeShader 文件中的代码如下：

```
#pragma kernel CSMain

//定义结构体
struct VBuffer
{
    int Y;
    int U;
    int V;
};
//贴图
Texture2D<float4> Input;
//返回结构体数组
RWStructuredBuffer<VBuffer> outputBuffer;
//Y64 位分量
float fdtbl_Y[64];
//UV64 位分量
float fdtbl_UV[64];
```

```
//贴图宽度
uint WIDTH;
//贴图高度
uint HEIGHT;

//RGB 转 YUV
float3 RGB2Yuv(float3 color) {
    float Y = 0.299f * color.r + 0.587f * color.g + 0.114f * color.b - 128.0f;
    float u = -0.16874f * color.r + -0.33126f * color.g + 0.50000f * color.b;
    float v = 0.50000f * color.r - 0.41869f * color.g - 0.08131f * color.b;
    return float3(Y, u, v);
}
//FDCT & 量化
void fdct(inout float data[64], in float fdtbl[64])
{
    //定义临时变量
    float tmp0; float tmp1; float tmp2; float tmp3; float tmp4;   float       tmp5;
float tmp6; float tmp7; float tmp10; float tmp11; float tmp12; float tmp13;
    float z1; float z2; float z3; float z4; float z5; float z11; float z13;
    int i;
    //定义偏移量
    int dataOff = 0;
    //进行列 DCT 计算，用于操作 data 数组
    //计算中的相关 float 数值是 fdct 公式进行解式后取得的近似数
    //因为是有损计算，所以近似数应尽量保留多位，但影响不大
    for (i = 0; i < 8; i++) {
        tmp0 = data[dataOff + 0] + data[dataOff + 7];
        tmp7 = data[dataOff + 0] - data[dataOff + 7];
        tmp1 = data[dataOff + 1] + data[dataOff + 6];
        tmp6 = data[dataOff + 1] - data[dataOff + 6];
        tmp2 = data[dataOff + 2] + data[dataOff + 5];
        tmp5 = data[dataOff + 2] - data[dataOff + 5];
        tmp3 = data[dataOff + 3] + data[dataOff + 4];
        tmp4 = data[dataOff + 3] - data[dataOff + 4];
        tmp10 = tmp0 + tmp3;
        tmp13 = tmp0 - tmp3;
        tmp11 = tmp1 + tmp2;
        tmp12 = tmp1 - tmp2;

        data[dataOff + 0] = tmp10 + tmp11;
        data[dataOff + 4] = tmp10 - tmp11;

        z1 = (tmp12 + tmp13) * 0.707106781f;
        data[dataOff + 2] = tmp13 + z1;
        data[dataOff + 6] = tmp13 - z1;

        tmp10 = tmp4 + tmp5;
        tmp11 = tmp5 + tmp6;
        tmp12 = tmp6 + tmp7;
```

```
    z5 = (tmp10 - tmp12) * 0.382683433f;
    z2 = 0.541196100f * tmp10 + z5;
    z4 = 1.306562965f * tmp12 + z5;
    z3 = tmp11 * 0.707106781f;


    z11 = tmp7 + z3;
    z13 = tmp7 - z3;


    data[dataOff + 5] = z13 + z2;
    data[dataOff + 3] = z13 - z2;
    data[dataOff + 1] = z11 + z4;
    data[dataOff + 7] = z11 - z4;


    dataOff += 8;
}


//偏移量清零
dataOff = 0;
//进行行 DCT 计算
for (i = 0; i < 8; i++) {
    tmp0 = data[dataOff + 0] + data[dataOff + 56];
    tmp7 = data[dataOff + 0] - data[dataOff + 56];
    tmp1 = data[dataOff + 8] + data[dataOff + 48];
    tmp6 = data[dataOff + 8] - data[dataOff + 48];
    tmp2 = data[dataOff + 16] + data[dataOff + 40];
    tmp5 = data[dataOff + 16] - data[dataOff + 40];
    tmp3 = data[dataOff + 24] + data[dataOff + 32];
    tmp4 = data[dataOff + 24] - data[dataOff + 32];


    tmp10 = tmp0 + tmp3;
    tmp13 = tmp0 - tmp3;
    tmp11 = tmp1 + tmp2;
    tmp12 = tmp1 - tmp2;


    data[dataOff + 0] = tmp10 + tmp11;
    data[dataOff + 32] = tmp10 - tmp11;


    z1 = (tmp12 + tmp13) * 0.707106781f;
    data[dataOff + 16] = tmp13 + z1;
    data[dataOff + 48] = tmp13 - z1;


    tmp10 = tmp4 + tmp5;
    tmp11 = tmp5 + tmp6;
    tmp12 = tmp6 + tmp7;


    z5 = (tmp10 - tmp12) * 0.382683433f;
    z2 = 0.541196100f * tmp10 + z5;
    z4 = 1.306562965f * tmp12 + z5;
    z3 = tmp11 * 0.707106781f;
```

```
        z11 = tmp7 + z3;
        z13 = tmp7 - z3;

        data[dataOff + 40] = z13 + z2;
        data[dataOff + 24] = z13 - z2;
        data[dataOff + 8] = z11 + z4;
        data[dataOff + 56] = z11 - z4;

        dataOff++;
    }
    //量化处理
    for (i = 0; i < 64; i++) {
        //data 数组与量化表相乘进行量化处理
        data[i] = round(data[i] * fdtbl[i]);
    }
}
//定义组共享内存数组
groupshared float3 pixelBlock[8][8];
groupshared float dct1[64];
groupshared float dct2[64];
groupshared float dct3[64];

//定义主函数 CSMain，并且设置执行线程组为 8×8×1 结构
//SV_GroupThreadID 组内线程 ID
//SV_GroupID 组 ID
[numthreads(8, 8, 1)]
void CSMain(uint3 groupThreadID : SV_GroupThreadID, uint3 groupID : SV_GroupID)
{
    uint dx; uint ix; uint iy;

    //将 YUV 数据存储于组共享内存数组中
    pixelBlock[7 - groupThreadID.y][groupThreadID.x] = RGB2Yuv(Input[groupThreadID.
xy + groupID.xy * 8].rgb * 255.0);
    //等待组任务完成
    GroupMemoryBarrierWithGroupSync();

    //以组为单位进行 FDCT 计算与量化
    if (groupThreadID.x == 0 && groupThreadID.y == 0) {
        dx = 0;
        for (iy = 0; iy < 8; iy++) {
            for (ix = 0; ix < 8; ix++) {
                dct1[dx] = pixelBlock[iy][ix].r;
                dct2[dx] = pixelBlock[iy][ix].g;
                dct3[dx++] = pixelBlock[iy][ix].b;
            }
        }
        fdct(dct1, fdtbl_Y);
        fdct(dct2, fdtbl_UV);
        fdct(dct3, fdtbl_UV);
    }
```

```
//等待组任务完成
GroupMemoryBarrierWithGroupSync();

//将量化结果连接为一维数组
ix = (groupThreadID.y << 3) + groupThreadID.x;
dx = ((((HEIGHT >> 3) - groupID.y - 1) * (WIDTH >> 3) + groupID.x) << 6) + ix;
outputBuffer[dx].Y = dct1[ix];
outputBuffer[dx].U = dct2[ix];
outputBuffer[dx].V = dct3[ix];
}
```

在引入 ComputeShader 文件后，新的脚本文件需要在原视频编码脚本的基础上添加
ComputeShader 支持。VideoEncoder_GPU 脚本文件中的代码如下，其中包含 ComputeShader 的调
用部分。

```
using System;
using System.Collections;
using System.IO;
using UnityEngine;
using UnityEngine.Events;
using UnityEngine.UI;

/// <summary>
/// 定义 YUV 结构体
/// </summary>
public struct VBuffer
{
    public int Y;
    public int U;
    public int V;
}
/// <summary>
/// 视频编码发送
/// </summary>
public class VideoEncoder_GPU : MonoBehaviour
{
    #region Properties

    /// <summary>
    /// 显示本地摄像机渲染贴图
    /// </summary>
    public Renderer Cam;
    /// <summary>
    /// 需要执行的 computeShader 对象
    /// </summary>
    public ComputeShader computeShader = null;
    /// <summary>
    /// 摄像机帧率
    /// </summary>
    public int StreamFPS = 30;
    /// <summary>
```

```
    /// 图片压缩质量参数，取值范围为 0~100，数值越大，质量越高
    /// </summary>
    public int Quality = 75;
    /// <summary>
    /// 数据发送事件
    /// </summary>
    public UnityEvent<byte[]> OnDataByteReadyEvent;

    /// <summary>
    /// 记录数据增量 ID
    /// </summary>
    int dataID = 0;
    /// <summary>
    /// 数据每次发送块的大小
    /// </summary>
    int chunkSize = 8096;
    /// <summary>
    /// 定义临时贴图对象
    /// </summary>
    private Texture texture;
    /// <summary>
    /// 定义使用的摄像贴图对象
    /// </summary>
    private WebCamTexture webCam;

    #endregion

    /// <summary>
    /// 在启用组件时开始调用 WebCam 对象
    /// </summary>
    void OnEnable()
    {
        StartCoroutine(StartWebCam());
    }
    /// <summary>
    /// 在禁用组件时停止调用 WebCam 对象
    /// </summary>
    void OnDisable()
    {
        StopCoroutine(StartWebCam());
        webCam.Stop();
    }
    /// <summary>
    /// 开始调用 WebCam 对象
    /// </summary>
    IEnumerator StartWebCam()
    {
        //请求 WebCam 对象的相关权限
        yield return Application.RequestUserAuthorization(UserAuthorization.WebCam);
        if (Application.HasUserAuthorization(UserAuthorization.WebCam))
```

```
{
    //获取可用设备列表
    var devices = WebCamTexture.devices;
    int CamId = -1;
    //循环设备列表
    //如果有多个摄像机，则优先选用当前设备的前置摄像机
    for (int i = 0; i < devices.Length; i++)
    {
        CamId = i;
        if (devices[i].isFrontFacing)
        {
            break;
        }
    }
    //激活指定的 WebCam 对象
    webCam = new WebCamTexture(devices[CamId].name, 800, 800, StreamFPS);
    //给临时贴图对象赋值
    texture = webCam;
    //设置平铺纹理
    texture.wrapMode = TextureWrapMode.Repeat;
    //设置摄像设备请求的帧速率（以帧/每秒为单位）
    webCam.requestedFPS = 30;
    //启动摄像机
    webCam.Play();
    //将临时贴图对象显示到 Renderer 组件中
    Cam.material.mainTexture = texture;
    //定时发送
    StartCoroutine(SenderCOR());
}
yield return null;
}


//下次可调用时间
float next = 0f;
//每次调用的时间间隔
float interval = 0.05f;
/// <summary>
/// 定时发送
/// </summary>
IEnumerator SenderCOR()
{
    //循环调用
    while (true)
    {
        //如果时间超过可调用时间，则调用，否则等待
        if (Time.realtimeSinceStartup > next)
        {
            //根据设置的帧率重新计算每次调用的时间间隔
            interval = 1f / StreamFPS;
            //下次可调用时间 = 当前时间 + 每次调用的时间间隔
```

```
            next = Time.realtimeSinceStartup + interval;
            //调用视频信息编码
            StartCoroutine(EncodeBytes());
        }
        yield return null;
    }
}


private int quality = 0;
private uint bytenew = 0;
private int bytepos = 7;
private ByteArray headBuffer = null;
private ByteArray mainBuffer = null;
byte[] headbuffer = null;
/// <summary>
/// 视频信息编码
/// </summary>
IEnumerator EncodeBytes()
{
    //在渲染完成后调用
    yield return new WaitForEndOfFrame();
    //初始化量化表
    if (quality != Quality)
    {
        quality = Quality;

        quality = Mathf.Clamp(quality, 1, 100);
        int sf = (quality < 50) ? (int)(5000 / quality) : (int)(200 - quality * 2);

        InitHuffmanTbl();
        InitCategoryfloat();
        InitQuantTables(sf);

        headBuffer = new ByteArray();
        bytenew = 0;
        bytepos = 7;

        WriteWord(0xFFD8); // SOI
        WriteAPP0();
        WriteDQT();
        WriteSOF0(texture.width, texture.height);
        WriteDHT();
        WriteSOS();

        headbuffer = headBuffer.GetAllBytes();
    }
    //写入本帧输出流头文件
    mainBuffer = new ByteArray();
    mainBuffer.WriteBuffer(headbuffer);
```

```
float DCY = 0;
float DCU = 0;
float DCV = 0;
bytenew = 0;
bytepos = 7;

//调用 computeShader 对象
var data = ShaderCall();
for (int pos = 0; pos < data.Length; pos += 64)
{
    DCY = ProcessDU(data, pos, 1, fdtbl_Y, DCY, YDC_HT, YAC_HT);
    DCU = ProcessDU(data, pos, 2, fdtbl_UV, DCU, UVDC_HT, UVAC_HT);
    DCV = ProcessDU(data, pos, 3, fdtbl_UV, DCV, UVDC_HT, UVAC_HT);
}
if (bytepos >= 0)
{
    BitString fillbits = new BitString();
    fillbits.length = bytepos + 1;
    fillbits.value = (1 << (bytepos + 1)) - 1;
    WriteBits(fillbits);
}
WriteWord(0xFFD9); //EOI

//获取数据流
var dataBytes = mainBuffer.GetAllBytes();
int _length = dataBytes.Length;
int _offset = 0;
//获取头部数据
byte[] _meta_id = BitConverter.GetBytes(dataID);
byte[] _meta_length = BitConverter.GetBytes(_length);

//防止单块数据过大，进行分块发送
int chunks = Mathf.FloorToInt(dataBytes.Length / chunkSize);
for (int i = 0; i <= chunks; i++)
{
    //数据位置
    byte[] _meta_offset = BitConverter.GetBytes(_offset);
    //本次发送数据量大小
    int SendByteLength = (i == chunks) ? (_length % chunkSize + 12) : (chunkSize
+ 12);
    //定义发送数据数组
    byte[] SendByte = new byte[SendByteLength];

    //添加数据增量 ID
    Buffer.BlockCopy(_meta_id, 0, SendByte, 0, 4);
    //添加数据长度信息
    Buffer.BlockCopy(_meta_length, 0, SendByte, 4, 4);
    //添加数据位置
    Buffer.BlockCopy(_meta_offset, 0, SendByte, 8, 4);
    //添加视频数据
```

```
        Buffer.BlockCopy(dataBytes, _offset, SendByte, 12, SendByte.Length - 12);
        //事件调用
        OnDataByteReadyEvent.Invoke(SendByte);
        //增加数据位置
        _offset += chunkSize;
    }
    //增加数据增量 ID
    dataID++;

    yield break;
}
/// <summary>
/// Compute Shader 调用
/// </summary>
/// <returns></returns>
VBuffer[] ShaderCall()
{
    //如果 computeShader 对象中只有一个内核方法，那么将内核索引值设置为 0 即可
    int mainKernelHandle = 0;
    //定义输出的结构体参数
    ComputeBuffer _outputBuffer = new ComputeBuffer(texture.width * texture.height,
3 * 4);
    //对 computeShader 对象传参
    computeShader.SetTexture(mainKernelHandle, "Input", texture);
    computeShader.SetFloats("fdtbl_Y", fdtbl_Y);
    computeShader.SetFloats("fdtbl_UV", fdtbl_UV);
    computeShader.SetInt("WIDTH", texture.width);
    computeShader.SetInt("HEIGHT", texture.height);
    computeShader.SetBuffer(mainKernelHandle, "outputBuffer", _outputBuffer);
    //对 computeShader 对象的执行方法传参，注意设置线程组数
    computeShader.Dispatch(mainKernelHandle, (texture.width + 7) / 8, (texture.
height + 7) / 8, 1);
    //获取 computeShader 对象的返回值
    VBuffer[] outData = new VBuffer[texture.width * texture.height];
    _outputBuffer.GetData(outData);
    _outputBuffer.Release();

    return outData;
}

#region JPEG computing related methods

    #region DECLARE

    private struct BitString
    {
        public int length;
        public int value;
    }
```

```
    private BitString[] YDC_HT;
    private BitString[] UVDC_HT;
    private BitString[] YAC_HT;
    private BitString[] UVAC_HT;
    private byte[] std_dc_luminance_nrcodes = new byte[] { 0, 0, 1, 5, 1, 1, 1, 1, 1,
1, 0, 0, 0, 0, 0, 0, 0 };
    private byte[] std_dc_luminance_values = new byte[] { 0, 1, 2, 3, 4, 5, 6, 7, 8,
9, 10, 11 };
    private byte[] std_ac_luminance_nrcodes = new byte[] { 0, 0, 2, 1, 3, 3, 2, 4, 3,
5, 5, 4, 4, 0, 0, 1, 0x7d };
    private byte[] std_ac_luminance_values = new byte[]{
        0x01,0x02,0x03,0x00,0x04,0x11,0x05,0x12,
        0x21,0x31,0x41,0x06,0x13,0x51,0x61,0x07,
        0x22,0x71,0x14,0x32,0x81,0x91,0xa1,0x08,
        0x23,0x42,0xb1,0xc1,0x15,0x52,0xd1,0xf0,
        0x24,0x33,0x62,0x72,0x82,0x09,0x0a,0x16,
        0x17,0x18,0x19,0x1a,0x25,0x26,0x27,0x28,
        0x29,0x2a,0x34,0x35,0x36,0x37,0x38,0x39,
        0x3a,0x43,0x44,0x45,0x46,0x47,0x48,0x49,
        0x4a,0x53,0x54,0x55,0x56,0x57,0x58,0x59,
        0x5a,0x63,0x64,0x65,0x66,0x67,0x68,0x69,
        0x6a,0x73,0x74,0x75,0x76,0x77,0x78,0x79,
        0x7a,0x83,0x84,0x85,0x86,0x87,0x88,0x89,
        0x8a,0x92,0x93,0x94,0x95,0x96,0x97,0x98,
        0x99,0x9a,0xa2,0xa3,0xa4,0xa5,0xa6,0xa7,
        0xa8,0xa9,0xaa,0xb2,0xb3,0xb4,0xb5,0xb6,
        0xb7,0xb8,0xb9,0xba,0xc2,0xc3,0xc4,0xc5,
        0xc6,0xc7,0xc8,0xc9,0xca,0xd2,0xd3,0xd4,
        0xd5,0xd6,0xd7,0xd8,0xd9,0xda,0xe1,0xe2,
        0xe3,0xe4,0xe5,0xe6,0xe7,0xe8,0xe9,0xea,
        0xf1,0xf2,0xf3,0xf4,0xf5,0xf6,0xf7,0xf8,
        0xf9,0xfa
    };
    private byte[] std_dc_chrominance_nrcodes = new byte[] { 0, 0, 3, 1, 1, 1, 1, 1,
1, 1, 1, 1, 0, 0, 0, 0, 0 };
    private byte[] std_dc_chrominance_values = new byte[] { 0, 1, 2, 3, 4, 5, 6, 7,
8, 9, 10, 11 };
    private byte[] std_ac_chrominance_nrcodes = new byte[] { 0, 0, 2, 1, 2, 4, 4, 3,
4, 7, 5, 4, 4, 0, 1, 2, 0x77 };
    private byte[] std_ac_chrominance_values = new byte[]{
        0x00,0x01,0x02,0x03,0x11,0x04,0x05,0x21,
        0x31,0x06,0x12,0x41,0x51,0x07,0x61,0x71,
        0x13,0x22,0x32,0x81,0x08,0x14,0x42,0x91,
        0xa1,0xb1,0xc1,0x09,0x23,0x33,0x52,0xf0,
        0x15,0x62,0x72,0xd1,0x0a,0x16,0x24,0x34,
        0xe1,0x25,0xf1,0x17,0x18,0x19,0x1a,0x26,
        0x27,0x28,0x29,0x2a,0x35,0x36,0x37,0x38,
        0x39,0x3a,0x43,0x44,0x45,0x46,0x47,0x48,
        0x49,0x4a,0x53,0x54,0x55,0x56,0x57,0x58,
        0x59,0x5a,0x63,0x64,0x65,0x66,0x67,0x68,
```

```
        0x69,0x6a,0x73,0x74,0x75,0x76,0x77,0x78,
        0x79,0x7a,0x82,0x83,0x84,0x85,0x86,0x87,
        0x88,0x89,0x8a,0x92,0x93,0x94,0x95,0x96,
        0x97,0x98,0x99,0x9a,0xa2,0xa3,0xa4,0xa5,
        0xa6,0xa7,0xa8,0xa9,0xaa,0xb2,0xb3,0xb4,
        0xb5,0xb6,0xb7,0xb8,0xb9,0xba,0xc2,0xc3,
        0xc4,0xc5,0xc6,0xc7,0xc8,0xc9,0xca,0xd2,
        0xd3,0xd4,0xd5,0xd6,0xd7,0xd8,0xd9,0xda,
        0xe2,0xe3,0xe4,0xe5,0xe6,0xe7,0xe8,0xe9,
        0xea,0xf2,0xf3,0xf4,0xf5,0xf6,0xf7,0xf8,
        0xf9,0xfa
    };

    private BitString[] bitcode = new BitString[65535];
    private int[] category = new int[65535];

    private int[] YTable = new int[64];
    private int[] UVTable = new int[64];
    private float[] fdtbl_Y = new float[64 * 4];
    private float[] fdtbl_UV = new float[64 * 4];

    private int[] ZigZag = new int[]{
         0, 1, 5, 6,14,15,27,28,
         2, 4, 7,13,16,26,29,42,
         3, 8,12,17,25,30,41,43,
         9,11,18,24,31,40,44,53,
        10,19,23,32,39,45,52,54,
        20,22,33,38,46,51,55,60,
        21,34,37,47,50,56,59,61,
        35,36,48,49,57,58,62,63
    };
    #endregion

    #region METHOD

    #region About Huffman

    private void InitHuffmanTbl()
    {
        YDC_HT = ComputeHuffmanTbl(std_dc_luminance_nrcodes, std_dc_luminance_
values);
        UVDC_HT = ComputeHuffmanTbl(std_dc_chrominance_nrcodes, std_dc_chrominance_
values);
        YAC_HT = ComputeHuffmanTbl(std_ac_luminance_nrcodes, std_ac_luminance_
values);
        UVAC_HT = ComputeHuffmanTbl(std_ac_chrominance_nrcodes, std_ac_chrominance_
values);
    }
    private BitString[] ComputeHuffmanTbl(byte[] nrcodes, byte[] std_table)
    {
```

```
        int codevalue = 0;
        int pos_in_table = 0;
        BitString[] HT = new BitString[16 * 16];
        for (int k = 1; k <= 16; k++)
        {
            for (int j = 1; j <= nrcodes[k]; j++)
            {
                HT[std_table[pos_in_table]] = new BitString();
                HT[std_table[pos_in_table]].value = codevalue;
                HT[std_table[pos_in_table]].length = k;
                pos_in_table++;
                codevalue++;
            }
            codevalue *= 2;
        }
        return HT;
    }
    private void InitCategoryfloat()
    {
        int nrlower = 1;
        int nrupper = 2;
        int nr;
        BitString bs;
        for (int cat = 1; cat <= 15; cat++)
        {
            //正数
            for (nr = nrlower; nr < nrupper; nr++)
            {
                category[32767 + nr] = cat;

                bs = new BitString();
                bs.length = cat;
                bs.value = nr;
                bitcode[32767 + nr] = bs;
            }
            //负数
            for (nr = -(nrupper - 1); nr <= -nrlower; nr++)
            {
                category[32767 + nr] = cat;

                bs = new BitString();
                bs.length = cat;
                bs.value = nrupper - 1 + nr;
                bitcode[32767 + nr] = bs;
            }
            nrlower <<= 1;
            nrupper <<= 1;
        }
    }
    private void InitQuantTables(int sf)
```

```
{
    int i;
    float t;
    int[] YQT = new int[]{
        16, 11, 10, 16, 24, 40, 51, 61,
        12, 12, 14, 19, 26, 58, 60, 55,
        14, 13, 16, 24, 40, 57, 69, 56,
        14, 17, 22, 29, 51, 87, 80, 62,
        18, 22, 37, 56, 68,109,103, 77,
        24, 35, 55, 64, 81,104,113, 92,
        49, 64, 78, 87,103,121,120,101,
        72, 92, 95, 98,112,100,103, 99
    };

    for (i = 0; i < 64; i++)
    {
        t = Mathf.Floor((YQT[i] * sf + 50) / 100);
        t = Mathf.Clamp(t, 1, 255);
        YTable[ZigZag[i]] = Mathf.RoundToInt(t);
    }

    int[] UVQT = new int[]{
        17, 18, 24, 47, 99, 99, 99, 99,
        18, 21, 26, 66, 99, 99, 99, 99,
        24, 26, 56, 99, 99, 99, 99, 99,
        47, 66, 99, 99, 99, 99, 99, 99,
        99, 99, 99, 99, 99, 99, 99, 99,
        99, 99, 99, 99, 99, 99, 99, 99,
        99, 99, 99, 99, 99, 99, 99, 99,
        99, 99, 99, 99, 99, 99, 99, 99
    };
    for (i = 0; i < 64; i++)
    {
        t = Mathf.Floor((UVQT[i] * sf + 50) / 100);
        t = Mathf.Clamp(t, 1, 255);
        UVTable[ZigZag[i]] = (int)t;
    }

    float[] aasf = new float[]
    {
        1.0f, 1.387039845f, 1.306562965f, 1.175875602f,
        1.0f, 0.785694958f, 0.541196100f, 0.275899379f
    };

    i = 0;
    for (int row = 0; row < 8; row++)
    {
        for (int col = 0; col < 8; col++)
        {
```

```
            fdtbl_Y[i * 4] = (1.0f / (YTable[ZigZag[i]] * aasf[row] * aasf[col] *
8.0f));
            fdtbl_UV[i * 4] = (1.0f / (UVTable[ZigZag[i]] * aasf[row] * aasf[col]
* 8.0f));
            i++;
        }
    }
}

#endregion
#region Write HEAD

private void WriteByte(byte value)
{
    headBuffer.WriteByte(value);
}
private void WriteByteMain(byte value)
{
    mainBuffer.WriteByte(value);
}
private void WriteWord(int value)
{
    WriteByte((byte)((value >> 8) & 0xFF));
    WriteByte((byte)((value) & 0xFF));
}

private void WriteAPP0()
{
    WriteWord(0xFFE0);      //marker（标记）
    WriteWord(16);          //length（长度）
    WriteByte(0x4A);        //J
    WriteByte(0x46);        //F
    WriteByte(0x49);        //I
    WriteByte(0x46);        //F
    WriteByte(0);           //= "JFIF",'\0'
    WriteByte(1);           //versionhi（版本）
    WriteByte(1);           //versionlo
    WriteByte(0);           //xyunits（xy 单元）
    WriteWord(1);           //xdensity（x 密度）
    WriteWord(1);           //ydensity（y 密度）
    WriteByte(0);           //thumbnwidth（缩略图宽度）
    WriteByte(0);           //thumbnheight（缩略图高度）
}

private void WriteSOF0(int width, int height)
{
    WriteWord(0xFFC0);      //marker（标记）
    WriteWord(17);          //length（长度）
    WriteByte(8);           //precision（精度）
    WriteWord(height);
```

```
    WriteWord(width);
    WriteByte(3);              //nrofcomponents（颜色分量数）
    WriteByte(1);              //IdY（颜色分量 ID）
    WriteByte(0x11);           //HVY（水平/垂直采样因子）
    WriteByte(0);              //QTY（量化表 ID）
    WriteByte(2);              //IdU（颜色分量 ID）
    WriteByte(0x11);           //HVU（水平/垂直采样因子）
    WriteByte(1);              //QTU（量化表 ID）
    WriteByte(3);              //IdV（颜色分量 ID）
    WriteByte(0x11);           //HVV（水平/垂直采样因子）
    WriteByte(1);              //QTV（量化表 ID）
}

private void WriteDQT()
{
    WriteWord(0xFFDB);     //marker（标记）
    WriteWord(132);        //length（长度）
    WriteByte(0);
    int i;
    for (i = 0; i < 64; i++)
    {
        WriteByte((byte)YTable[i]);
    }
    WriteByte(1);
    for (i = 0; i < 64; i++)
    {
        WriteByte((byte)UVTable[i]);
    }
}

private void WriteDHT()
{
    WriteWord(0xFFC4);     //marker（标记）
    WriteWord(0x01A2);     //length（长度）
    int i;

    WriteByte(0);              //HTYDCinfo（DC 信息）
    for (i = 0; i < 16; i++)
    {
        WriteByte(std_dc_luminance_nrcodes[i + 1]);
    }
    for (i = 0; i <= 11; i++)
    {
        WriteByte(std_dc_luminance_values[i]);
    }

    WriteByte(0x10);           //HTYACinfo（AC 信息）
    for (i = 0; i < 16; i++)
    {
        WriteByte(std_ac_luminance_nrcodes[i + 1]);
```

```
    }
    for (i = 0; i <= 161; i++)
    {
        WriteByte(std_ac_luminance_values[i]);
    }

    WriteByte(1);       //HTUDCinfo（DC 信息）
    for (i = 0; i < 16; i++)
    {
        WriteByte(std_dc_chrominance_nrcodes[i + 1]);
    }
    for (i = 0; i <= 11; i++)
    {
        WriteByte(std_dc_chrominance_values[i]);
    }

    WriteByte(0x11);    //HTUACinfo（AC 信息）
    for (i = 0; i < 16; i++)
    {
        WriteByte(std_ac_chrominance_nrcodes[i + 1]);
    }
    for (i = 0; i <= 161; i++)
    {
        WriteByte(std_ac_chrominance_values[i]);
    }
}

private void WriteSOS()
{
    WriteWord(0xFFDA);        //marker（标记）
    WriteWord(12);           //length（长度）
    WriteByte(3);            //nrofcomponents（颜色分量数）
    WriteByte(1);            //IdY（颜色分量 ID）
    WriteByte(0);            //HTY（直流/交流系数表号）
    WriteByte(2);            //IdU（颜色分量 ID）
    WriteByte(0x11);         //HTU（直流/交流系数表号）
    WriteByte(3);            //IdV（颜色分量 ID）
    WriteByte(0x11);         //HTV（直流/交流系数表号）
    WriteByte(0);            //Ss（压缩图像数据-谱选择开始）
    WriteByte(0x3f);         //Se（压缩图像数据-谱选择结束）
    WriteByte(0);            //Bf（压缩图像数据-谱选择）        }
}

private void WriteBits(BitString bs)
{
    int value = bs.value;
    int posval = bs.length - 1;
    while (posval >= 0)
    {
        if ((value & System.Convert.ToUInt32(1 << posval)) != 0)
```

```
        {
            bytenew |= System.Convert.ToUInt32(1 << bytepos);
        }
        posval--;
        bytepos--;
        if (bytepos < 0)
        {
            if (bytenew == 0xFF)
            {
                WriteByteMain(0xFF);
                WriteByteMain(0);
            }
            else
            {
                WriteByteMain((byte)bytenew);
            }
            bytepos = 7;
            bytenew = 0;
        }
    }
}

#endregion

private float ProcessDU(VBuffer[] CDU, int pos, int idx, float[] fdtbl, float DC,
BitString[] HTDC, BitString[] HTAC)
{
    BitString EOB = HTAC[0x00];
    BitString M16zeroes = HTAC[0xF0];
    int i;
    int[] DU = new int[64];

    for (i = 0; i < 64; i++)
    {
        DU[ZigZag[i]] = idx switch
        {
            1 => (int)CDU[i + pos].Y,
            2 => (int)CDU[i + pos].U,
            3 => (int)CDU[i + pos].V,
            _ => (int)CDU[i + pos].Y
        };
    }

    int Diff = (int)(DU[0] - DC);
    DC = DU[0];

    //DC 编码
    if (Diff == 0)
    {
        WriteBits(HTDC[0]); //Diff 为 0
```

```
        }
        else
        {
            WriteBits(HTDC[category[32767 + Diff]]);
            WriteBits(bitcode[32767 + Diff]);
        }
        //AC 编码
        int end0pos = 63;
        for (; (end0pos > 0) && (DU[end0pos] == 0); end0pos--) { };

        //逆序的第一个元素
        if (end0pos == 0)
        {
            WriteBits(EOB);
            return DC;
        }
        i = 1;
        while (i <= end0pos)
        {
            int startpos = i;
            for (; (DU[i] == 0) && (i <= end0pos); i++) { }

            int nrzeroes = i - startpos;
            if (nrzeroes >= 16)
            {
                for (int nrmarker = 1; nrmarker <= nrzeroes / 16; nrmarker++)
                {
                    WriteBits(M16zeroes);
                }
                nrzeroes = (nrzeroes & 0xF);
            }
            WriteBits(HTAC[nrzeroes * 16 + category[32767 + DU[i]]]);
            WriteBits(bitcode[32767 + DU[i]]);
            i++;
        }
        if (end0pos != 63)
        {
            WriteBits(EOB);
        }
        return DC;
    }

    #endregion

    #endregion
}
/// <summary>
/// 内存操作类
/// </summary>
public class ByteArray
```

```
{
    private MemoryStream stream;
    private BinaryWriter writer;

    public ByteArray()
    {
        stream = new MemoryStream();
        writer = new BinaryWriter(stream);
    }

    /**
     * AS3 中的函数——向我们的流中添加一个字节
     */
    public void WriteByte(byte value)
    {
        writer.Write(value);
    }

    public void WriteBuffer(byte[] buffer)
    {
        writer.Write(buffer);
    }

    /**
     * 输出所有字节——要么通过 WWW 传递，要么存储于磁盘中
     */
    public byte[] GetAllBytes()
    {
        byte[] buffer = new byte[stream.Length];
        stream.Position = 0;
        stream.Read(buffer, 0, buffer.Length);

        return buffer;
    }
}
```

以上为视频获取编码功能的相关代码，其中一段代码可以实现压缩功能，具体如下：

```
for (int pos = 0; pos < data.Length; pos += 64)
{
    DCY = ProcessDU(data, pos, 1, fdtbl_Y, DCY, YDC_HT, YAC_HT);
    DCU = ProcessDU(data, pos, 2, fdtbl_UV, DCU, UVDC_HT, UVAC_HT);
    DCV = ProcessDU(data, pos, 3, fdtbl_UV, DCV, UVDC_HT, UVAC_HT);
}
```

如果要追求更出色的性能表现，则可以在此处添加多线程处理的相关代码（实测可以在一定程度上提高帧率），代码如下：

```
bool over = false;
Task.Factory.StartNew(() =>
{
    for (int pos = 0; pos < data.Length; pos += 64)
```

```
    {
        DCY = ProcessDU(data, pos, 1, fdtbl_Y, DCY, YDC_HT, YAC_HT);
        DCU = ProcessDU(data, pos, 2, fdtbl_UV, DCU, UVDC_HT, UVAC_HT);
        DCV = ProcessDU(data, pos, 3, fdtbl_UV, DCV, UVDC_HT, UVAC_HT);
    }
    over = true;
});
for (; !over;)
{
    yield return null;
}
```

最后将脚本挂载于 VideoEncoder 物体上即可。

9.3.2　组件设置

Andriod 平台上的场景组件设置与 Windows 平台上的场景组件设置大部分一致，但 VideoEncoder_GPU 组件需要额外进行一些配置。

VideoEncoder_GPU 组件需要设置本地设备渲染显示，首先将 RendererLocal（最终要显示的本地摄像机图像）物体拖动到 Cam 属性中，然后将名为 JPEG 的 ComputeShader 文件拖动到 Compute Shader 属性中，最后设置每秒发送频率、图片压缩质量。视频准备发送事件与 PC 平台一致，同样需要添加 UDPManager 物体并选择 ProcessSendVideoData 方法，如图 9-11 所示。

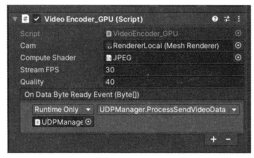

图 9-11

9.3.3　测试发布

在项目设置完成后，运行程序，如果顺利运行，则会看到本地摄像机图像；如果没有显示或出现错误，则需要进行修改。然后在菜单栏中执行 File→Build Settings 命令，打开 Build Settings 窗口，将场景添加到 Scenes In Build 列表框中，如果场景已经打开，则可以直接单击 Add Open Scenes 按钮，将其添加到 Scenes In Build 列表框中。最后单击 Build 或 Build And Run 按钮，选择目录，用于存储发布的 APK 文件。APK 文件是可以直接安装到 Android 手机中的，如果单击 Build And Run 按钮并选择好 Run Device，那么 Unity 会自动将程序安装到手机中，但需要手机开启 USB 调试模式。

要开启 USB 调试模式，必须在设备上启用开发人员选项，因此，需要在设备的"设置"菜单中找到版本号。内部版本号的位置因设备而异，对于库存 Android，首先在 Android 手机中执行 Settings→About phone→Build number 命令，在连续点击 Build number 几次后，会提示已经开启开发者模式，然后选择"设置"→"开发人员选项"（在某些设备上，路径是"设置"→"系统"→"开发人员选项"），最后勾选 USB 调试复选框。当 Android 设备通过 USB 连接到计算机时，它会进入调试模式。

注意：在 4.2 (Jelly Bean)之前的 Android 版本上，默认启用开发人员选项。

等待片刻，即可导出程序的 APK 文件，如图 9-12 所示。

图 9-12

在导出目标文件夹中可以看到导出后的文件为单个文件，将该文件复制到 Android 手机中，在文件管理器中点击即可安装。

注意：如果安装失败，则需要查看 Player Settings 中的平台相关设置（如 Android API 版本等）是否正确。

9.3.4　测试运行

运行程序需要在局域网中进行测试，在发布前设置好目标 IP，测试终端设备可以是手机对话手机，也可以是手机对话 PC。

双方运行程序，即可实现局域网中的两台终端进行音视频通信，如图 9-13 所示。

图 9-13

在显示效果上，手机终端与 PC 终端是没有区别的，只是手机与 PC 的硬件存在差异，所以性能可能有所差别，会出现一定的卡顿、卡帧等，在程序设置中降低每秒发送次数、压缩比等即可。

9.4　本章总结

本章介绍了 Android 平台音视频通信实现的相关知识，包括 Android 平台特征、构建设置、场景搭建与贴图压缩、组件设置、测试发布、测试运行等，并且大篇幅引入了计算着色器的相关内容，将普通的数字化数据转换为 JPG 图片数据，从而大幅提升了性能及速度。

第 10 章　XR 平台音视频通信实现

10.1　引言

XR 平台是移动平台，但一般为穿戴设备，如虚拟现实设备（VR 设备）、增强现实设备（AR 设备）、混合现实设备（MR 设备）等。

本章以 HoloLens 2 为 MR 设备的代表部署 XR 平台项目。本章会使用 Unity 进行环境搭建，并且发布可以运行的音视频通信 XR 程序。此外，本章会继续使用 Shader 应用，除上一章中的 ComputeShader 应用外，本章中的 MR 设备会基于 Shader 实现全息画面与摄像机画面的融合。

10.2　HoloLens 介绍

10.2.1　硬件介绍

HoloLens 是 Microsoft 公司开发的一种 MR 头显设备，由 Microsoft 公司于北京时间 2015 年 1 月 22 日凌晨与 Windows 10 同时发布，目前已经开售第二代产品，即 HoloLens 2，如图 10-1 所示，其产品的定位是使用户在产品的使用过程中拥有良好的交互体验。

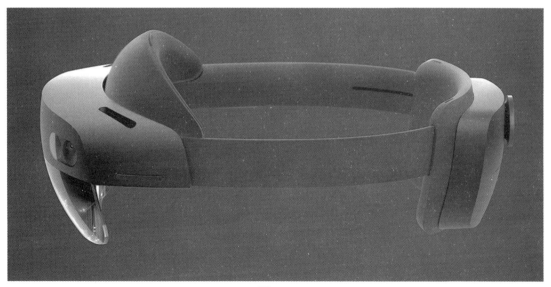

图 10-1

截至本书完稿，HoloLens 官方网站上各个版本的售价如图 10-2 所示。

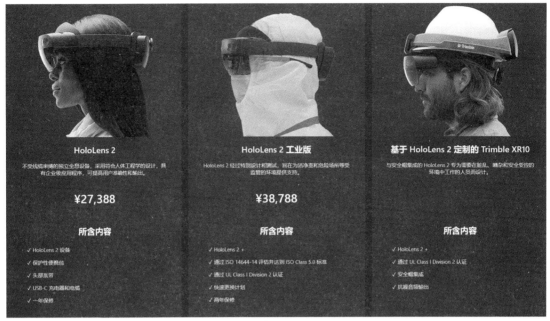

图 10-2

HoloLens 2 的技术规格主要如下。

显示器：透明全息透镜（波导），可以实现基于眼睛位置的 3D 显示优化。

传感器：有 4 台可见光摄像机、2 台红外摄像机、1-MP 飞行时间（ToF）深度传感器、加速度计、陀螺仪、磁强计、8MP 静止图像、1080P/30 帧视频。

音频和语音：有 5 声道麦克风阵列、内置空间音响。

人类理解力如下。

- 手动追踪：双手完全铰接模型，可以直接操作。
- 眼动追踪：实时追踪。
- 语音：设备上的命令和控制，具有互联网连接的自然语言。
- Windows Hello：具有虹膜识别功能的企业级安全性。

环境理解：有 6DoF 世界范围的位置追踪、实时环境网格空间映射、混合现实捕获。

计算和连接：有高通骁龙 850 计算平台、第 2 代定制全息处理单元 HPU、4-GB LPDDR4x 系统 DRAM、64-GB UFS 2.1 存储、Wi-Fi 5 (802.11ac 2x2)、5.0 蓝牙、USB Type-C。

质量：566 克。

软件：有 Windows Holographic 操作系统、Microsoft Edge、Dynamics 365 Remote Assist、Dynamics 365 Guides、3D 查看器等。

电源：包含使用 2~3 小时的电池，支持 USB-PD 快速充电。

2015 年 6 月 15 日，微软在 E3 游戏展前的新闻发布会上展示了更完整的现实增强版 Minecraft。微软此次在咖啡桌和书架上展示了全息的 Minecraft 城堡，一名佩戴 HoloLens 的微软员工通过手势在游戏中进行操作，并且展示了两名玩家如何在同一个 Minecraft 世界中进行互动，以及 HoloLens 用户如何通过语音命令进行控制。

目前，HoloLens 已经广泛应用于制造业、医疗、教育行业及军事领域。

10.2.2 平台介绍

HoloLens 2 设备内部使用的是 UWP 系统，称为通用 Windows 平台（UWP）。通用 Windows 平台可以生成适用于任何 Windows 设备（计算机、Xbox One、HoloLens 等）的应用程序，并且将这些应用程序发布到 Store 上。

如果要基于通用 Windows 平台开发，并且最终在 HoloLens 中成功构建应用程序，则需要安装 Visual Studio 2019+、Unity 2018.4+、Windows SDK 18362+，这些可以在 Visual Studio Installer 中进行安装，如图 10-3 所示。

图 10-3

可以使用 Visual Studio Installer 安装 Visual Studio 2019 及 Windows SDK，在安装时，必须选择"通用 Windows 平台开发"选项，并且安装最新的 Windows SDK 及 C++通用 Windows 平台工具，如图 10-4 所示。

图 10-4

10.3 MRTK 介绍

10.3.1 MRTK 简介

MRTK（Microsoft Mixed Reality Toolkit）是 HoloLens 2 的开发工具包，它是 Microsoft 驱动的项目，提供了一组组件和功能，用于加速 Unity 中的跨平台 MR 应用程序开发，如图 10-5 所示。

图 10-5

MRTK 是一个包集合，通过为混合现实硬件和平台提供支持，实现跨平台混合现实应用程序开发，其部分功能如下。

- 提供跨平台的输入系统，以及用于空间交互和 UI 设计的构建块。
- 启用快速原型在编辑器中的模拟，让用户马上看到变化。
- 作为一个可扩展的框架运行，为开发人员提供更换核心组件的能力。
- 支持大部分平台，如 HoloLens、Oculus Quest、HTC Vive、IOS 及 Android 等。

MRTK 的 Unity 导入包如图 10-6 所示，Foundation 包为核心包，是必选包，其他包都是可选包，Extensions 包为扩展包，Examples 包为相关示例包，TestUtilities 包为测试应用包，Tools 包为构建工具包。

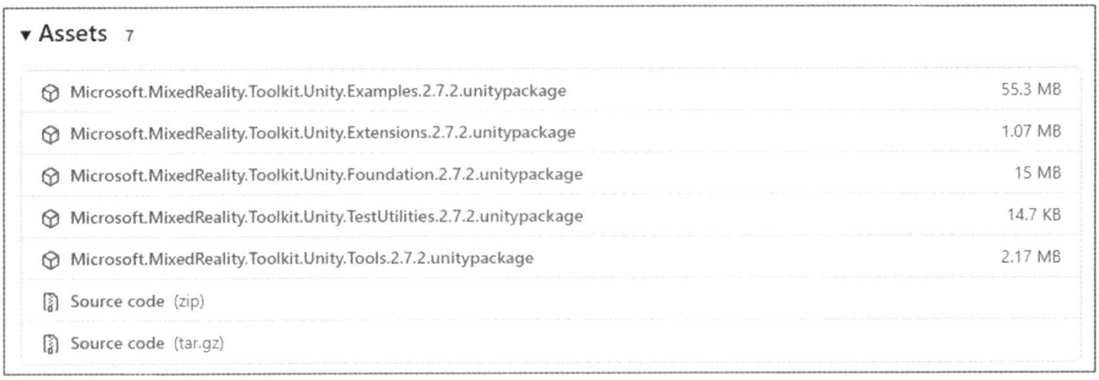

▼ Assets 7	
🔲 Microsoft.MixedReality.Toolkit.Unity.Examples.2.7.2.unitypackage	55.3 MB
🔲 Microsoft.MixedReality.Toolkit.Unity.Extensions.2.7.2.unitypackage	1.07 MB
🔲 Microsoft.MixedReality.Toolkit.Unity.Foundation.2.7.2.unitypackage	15 MB
🔲 Microsoft.MixedReality.Toolkit.Unity.TestUtilities.2.7.2.unitypackage	14.7 KB
🔲 Microsoft.MixedReality.Toolkit.Unity.Tools.2.7.2.unitypackage	2.17 MB
📄 Source code (zip)	
📄 Source code (tar.gz)	

图 10-6

如果首次接触 MRTK，那么建议导入全部包，Examples 包中有大量示例场景，可以从这里入手。

注意：需要第一个导入 Foundation 包。

MRTK 既是一组工具，用于快速获得混合现实体验；又是一个应用程序框架，用于对其自身的运行时、扩展方式及配置方式进行设置。

MRTK 中包含另一组抓取包实用工具，它们几乎不依赖于 MRTK（其余部分，用于列出生成工具、求解器、音频影响因素、平滑实用程序和线条呈现器）。

从框架和运行时开始，体系结构文档的其余部分会从下到上生成，并且不断前进到更有趣、更复杂的系统，如输入系统。

从较高层面来看，可以按图 10-7 所示的方式细分 MRTK。

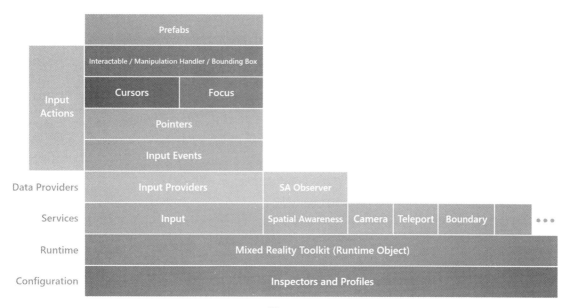

图 10-7

　　MRTK 在被导入项目后，会成为 Assets 文件夹的一部分，生成 MRTK 文件夹及 MRTK 相关配置文件夹，如图 10-8 所示。

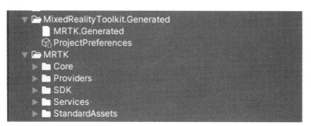

图 10-8

　　在首次导入 MRTK 包后，会弹出需要开发者关注的配置对话框，按照环境进行相关配置。如果要跳过本步骤，则单击 Skip This Step 按钮；如果要延迟配置，则单击 Skip Setup Until Next Session 按钮，直到下一次会话开启；如果要一直跳过配置，则单击 Always Skip Setup 按钮。

　　配置过程主要用于对程序进行设置，从而确保项目正常运行。如果要为 AR 设备构建应用程序，则需要启用 XR 管道，并且确保选择的目标是所需的生成目标。Unity 提供了两种插件安装方式，如图 10-9 所示。在选择所需的插件安装方式后，如果尚未安装 Unity XR 管理插件，那么 Unity 会自动安装该插件。

　　在全部设置完成后，单击 Apply 按钮应用所有设置，如图 10-10 所示，接着单击 Next 按钮，直到全部配置完成，单击 Done 按钮，关闭配置对话框。

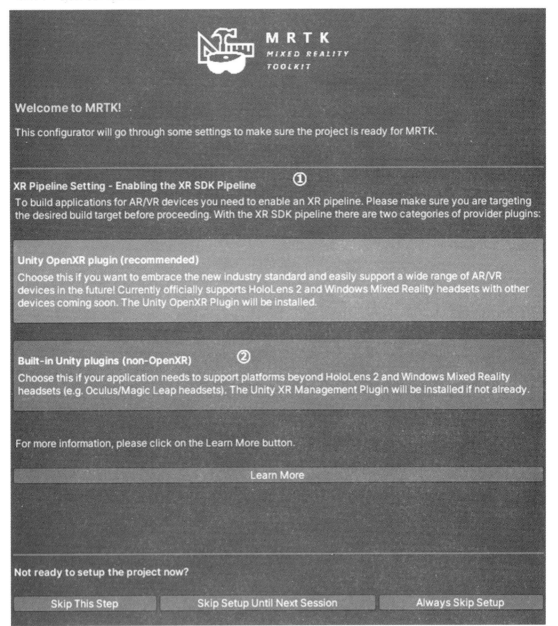

图 10-9

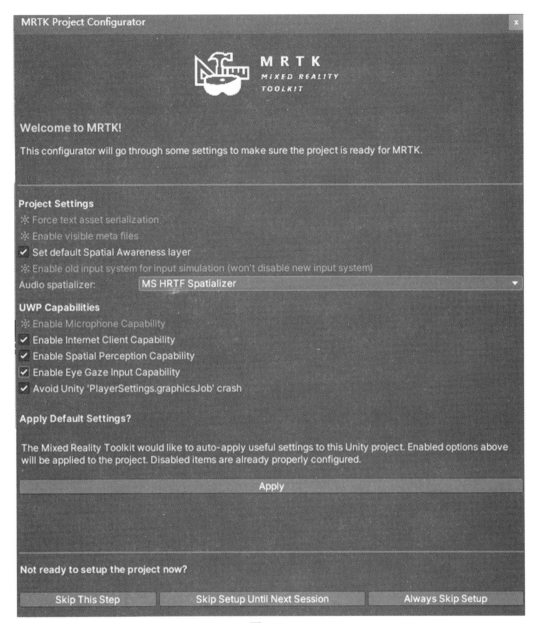

图 10-10

10.3.2　MRTK 应用

新建场景，无须进行任何修改，在菜单栏中执行 Mixed Reality→Toolkit→Add to Scene and Configure 命令，即可在场景中添加 MRTK 的必备组件，如图 10-11 所示。如果场景中已有摄像机组件，那么 MRTK 会自动将其替换成 MRTK 的 Main Camera。添加 MRTK 必备组件后的场景目录如图 10-12 所示。

图 10-11

图 10-12

运行程序，如果没有错误，则会出现图 10-13 所示的游戏画面，显示 MRTK 提供的性能计数器。

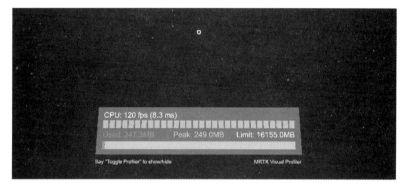

图 10-13

MRTK 的相关配置位于 MixedRealityToolkit 组件中，如图 10-14 所示。

首先选择 MRTK 已经预设的配置，因为使用 HoloLens 2 平台进行运行测试，所以这里默认选择 DefaultHoloLens2ConfigurationProfile 配置。如果需要对下面的各项进行额外配置，则需要单击 Clone 按钮复制一份配置文件，然后在此基础上进行修改。各项配置介绍如下。

Experience Settings：定义项目的混合现实环境规模的默认操作。

Camera：定义如何为混合现实项目设置摄像机，进行剪辑、质量和透明度设置。

Input：输入系统设置。混合现实项目提供了一个功能强大、经过训练的输入系统，用于在路由默认情况下设置项目的输入事件。

Boundary：边界可视化设置。边界系统会转换由基础平台边界/监护人系统报告的感知边界。边界可视化设置可以使用户根据自己的位置自动显示场景中记录的边界，还可以根据用户在场景中传送的位置做出反应/更新。

Teleport：传送系统设置。混合现实项目提供了一个功能完备的传送系统，用于管理项目中的传送事件。在默认情况下，该选项处于被选中状态。

Spatial Awareness：空间感知设置。混合现实项目提供了一个重建的空间感知系统，以便在默认选择的项目中使用空间扫描系统。

图 10-14

Diagnostics：诊断设置。MRTK 的可选但非常有用的功能是插件诊断功能。诊断配置文件提供了几个简单的系统，可以在项目运行时进行监视，包括便捷的 On/Off 开关，用于在场景中启用/禁用显示面板。

Scene System：场景系统设置，是可选服务，用于进行复杂加法场景的加载/卸载。

Extensions：其他服务设置。混合现实 Toolkit 的高级区域之一是其服务定位器模式实现，该实现允许向框架注册任何服务，从而轻松地使用新功能/系统扩展框架，并且注册自己的运行时组件。注册的服务仍然可以充分利用所有 Unity 事件，节省执行 MonoBehaviour 或单一实例模式的开销和成本。因此允许在运行前台和后台进程（如生成系统、运行时游戏逻辑、大部分其他操作）时不具有场景开销的纯 C#组件。

Editor：编辑器实用工具，仅在编辑器中工作，用于提高开发效率。

在以上 MixedRealityToolkit 配置完成后，如果要了解 MRTK 中的各种强大的功能，则可以在导入 Microsoft.MixedReality.Toolkit.Unity.Examples 包后，打开 Assets→MRTK→Examples→Experimental→ExamplesHub→Scenes 项目文件中的 MRTKExamplesHub 场景，这是一个示例集合场景。运行程序，即可看到示例场景列表，如图 10-15 所示，该列表中包含大部分示例场景，各个场景可以来回切换。

图 10-15

  HandInteractionExamples 场景中包含各种类型的交互和 UI 控件，可以突出显示明确表达的手动输入。使用 MRTK 的输入模拟，可以在 Unity 编辑器中体验手动跟踪交互，如图 10-16 所示。

图 10-16

  HandMenuExamples 场景中包含手部菜单的各种定义，手部菜单允许用户为常用函数快速启动手动附加的 UI，如图 10-17 所示。

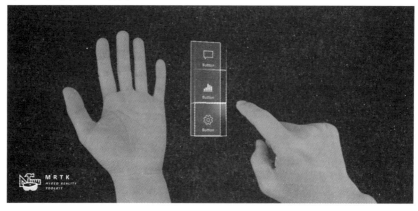

图 10-17

  MRTK 还提供了听写、凝视、手部跟踪、交互输入、语音、眼动跟踪、空间感知等功能，要详细了解 MRTK 更多的强大功能，建议去微软官方网站查看、学习。

10.4　构建设置

10.4.1　开发平台

XR 平台有很多，Android 平台、iOS 平台、通用 Windows 平台的高阶版本都支持 AR 功能。本章介绍的 HoloLens 使用的是通用 Windows 平台。通用 Windows 平台区别于 Windows Phone，Unity 不支持 Windows Phone 的开发。在 Unity 中构建通用 Windows 平台，需要在 Unity Hub 中安装 Universal Windows Platform Build Support（通用 Windows 平台构建支持）和 Windows Build Support(IL2CPP)（Windows 平台构建支持），如图 10-18 所示。

图 10-18

在 Unity 软件中，在菜单栏中执行 File→Build Settings...命令，即可打开 Build Settings 窗口，如图 10-19 所示。

在平台列表中，确保选择 Universal Windows Platform 作为构建目标。如果 Universal Windows Platform 不是当前的构建目标，那么在平台列表中选择它，然后单击"切换平台"按钮。

在 Build Settings 窗口中单击 Build 按钮，Unity 会生成并导出可以构建最终应用程序的 Visual Studio 项目；单击 Build And Run 按钮，Unity 会构建一个可独立运行的应用程序可执行文件。

图 10-19

Unity 构建应用程序的设置如下。

Target Device：主要用于设置构建应用程序的设备，该下拉列表中的选项包括 Any device、PC、Mobile 和 HoloLens，如果选择 Any device 选项，则表示可以使用任何设备构建应用程序。

Architecture ：选择要构建的 CPU 类型，包括 x64、x86、ARM、ARM64（仅应用于 Build And Run）。

Build Type：选择要生成的 Visual Studio 项目或要构建的应用程序的类型。

- XAML Project：Visual Studio 集成 Unity 的项目。如果选择该选项，则会导致一些性能损失，但可以允许用户在应用程序中使用 XAML 元素。

- D3D Project：Visual Studio 项目，它在一个基本的应用程序窗口中集成了 Unity。如果选择该选项，则可以获得最佳的性能。

- Executable Only：将项目托管在一个预先构建的可执行文件中，以便进行快速迭代。如果选择该选项，则会具有最快的迭代速度，因为它不需要用户在 Visual Studio 中构建生成的项目；并且与选择 D3D Project 选项具有相同的性能。

Target SDK Version：在本地 PC 上安装的 Windows 10 SDK，用于构建应用程序。该设置仅在直接从脚本调用 Windows 10 API 时才有效。需要注意的是，Unity 需要基本的 Windows 10 SDK 版本，如 10.0.10240.0 或更高版本，用于构建通用 Windows 平台应用程序，并且不支持 Windows8/8.1 SDK。

Minimum Platform Version：运行应用程序所需的最低 Windows 10 发布版本。需要注意的是，只有在使用基本 Windows 10 版本（10.0.10240）中不可用的 Windows 特性或 API 时，该设置才会有效。

Visual Studio Version：如果安装了多个版本，则选择特定的 Visual Studio 版本。

Build and Run on：在构建和运行期间，选择要部署和启动应用程序的目标设备或传输设备。

- Local Machine：在本地 PC 上部署和启动应用程序。
- Remote Device (via Device Portal)：通过设备门户传输、部署并启动连接设备的应用程序。

Build configuration：选择构建配置的类型（仅适用于生成和运行）。需要注意的是，这些构建配置与 Unity 生成的 Visual Studio 项目中可用的构建配置相同。

- Debug：生成一个包含可用于调试的其他代码的构建配置，并且为该构建配置启用分析器。
- Release：生成一个删除调试代码的构建配置，并且为该构建配置启用分析器。
- Master：生成一个为发布而完全优化的构建配置。

Copy References：取消勾选该复选框，可以允许生成的解决方案从 Unity 的安装文件夹中引用 Unity 文件，而不是将它们复制到构建文件夹中，可以节省多达 10GB 的磁盘空间，但不能将构建文件夹复制到另一台计算机中。在取消勾选该复选框后，Unity 可以更快地构建应用程序。

Copy PDB files：勾选该复选框，可以在构建的独立播放器中包含微软程序数据库（PDB）文件。PDB 文件中包含应用程序的调试信息，但可能会增加 Player 的大小。

Development Build：勾选该复选框，可以在构建版本中包括脚本调试符号，并且会设置 DEVELOPMENT_BUILD 脚本 define 指令。

Autoconnect Profiler：自动将分析器连接到构建的应用程序中。只有在勾选 Development Build 复选框后，该复选框才可用。

Deep Profiling：在勾选该复选框后，Unity 会配置所有的脚本代码并记录所有的函数调用信息。这对于确定游戏代码中的性能问题非常有用。但是，它使用了大量的内存资源，而且可能不适用于非常复杂的脚本。只有在勾选 Development Build 复选框后，该复选框才可用。

Script Debugging：将脚本调试器远程连接到播放器上。只有在勾选 Development Build 复选框后，该复选框才可用。

Scripts Only Build：在勾选该复选框后，可以只构建当前项目中的脚本。只有在勾选 Development Build 复选框后，该复选框才可用。在勾选该复选框后，Unity 只可以在应用程序中重建脚本，并且保留以前执行的构建版本中的数据文件。如果只更改应用程序中的代码，则可以显著缩短迭代时间。需要注意的是，在使用此设置前，需要构建一次整个项目。

Compression Method：在构建时压缩项目中的数据，包括资产、场景、播放器设置和 GI 数据，其选项如下。

- Default：默认压缩方法，在通用 Windows 平台上不进行压缩。
- LZ4：一种对开发构建非常有用的快速压缩方法。LZ4 压缩可以显著提高使用 Unity 构建的应用程序的加载速度。
- LZ4HC：LZ4 的一种高压缩变体，构建速度较慢，但可以生成更好的发布构建结果。LZ4HC 压缩可以显著提高使用 Unity 构建的应用程序的加载速度。

10.4.2 Player 设置

在 Build Settings 窗口中单击 Player Settings…按钮，打开 Player 设置面板，如图 10-20 所示。

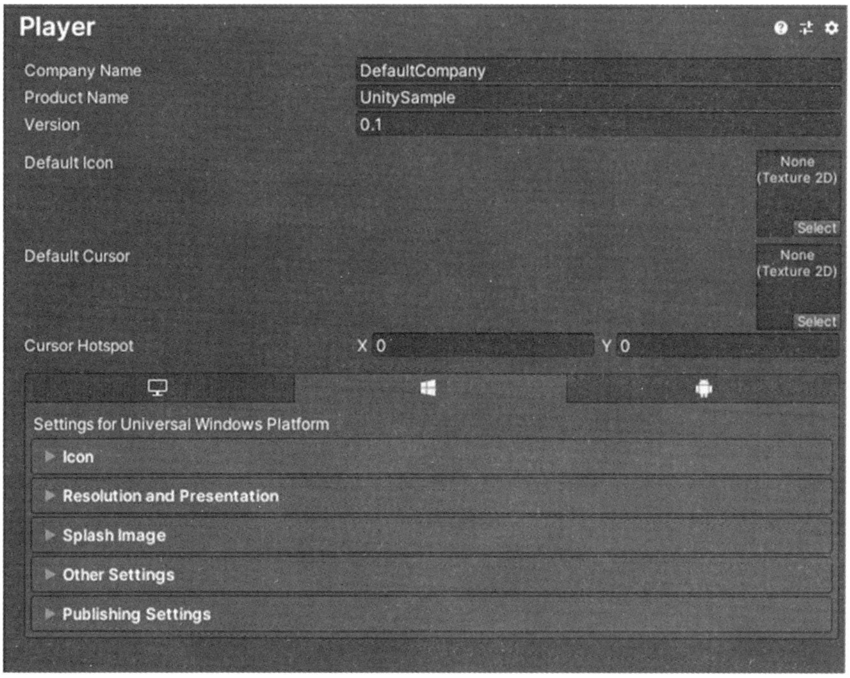

图 10-20

顶部几项设置与其他平台上的相关设置相同，此处不再赘述，下面介绍一些不同的设置。

Icon 部分为独立平台播放器的 Icon 设置。

Resolution and Presentation 部分主要用于自定义屏幕外观的相关设置。

Splash Image 部分允许用户为通用 Windows 平台指定启动画面。

Other Settings 部分可以自定义一系列选项。

以上部分与 Android 平台配置类似，此处不再赘述。

下面主要介绍一下 Publishing Settings 部分，可以自定义通用 Windows 平台应用程序的构建设置，这些选项分为以下几组：Packaging、Certificate、Application UI、File Type Associations、File Types、Misc、Capabilities 与 Supported Device Families，如图 10-21 所示。

Unity 在首次创建 Visual Studio 解决方案时，会将这些设置存储在 Package.appxmanifest 文件中。

注意：如果在现有项目之上构建项目，那么 Unity 不会覆盖 Package.appxmanifest 文件（如果已存在）。这意味着，如果更改了任何 Player 设置，则需要检查 Package.appxmanifest 文件。如果要重新生成 Package.appxmanifest 文件，则将其删除并使用 Unity 重新构建项目。

Packaging 区域：通用 Windows 平台的 Packaging 发布设置。

Package name：输入用于标识系统中的包的名称。名称必须具有唯一性。

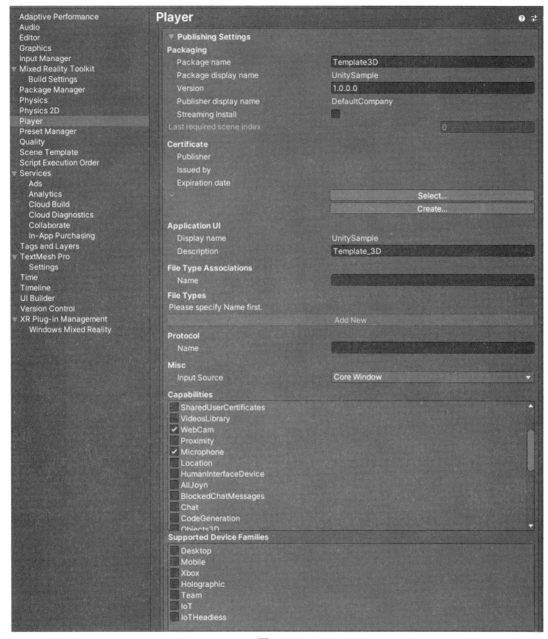

图 10-21

Package display name：在 Player 设置面板顶部设置的 Product Name 值会显示在此处。这是应用程序的名称，会显示在 Windows 应用商店中。

Version：使用四元表示法中的字符串输入包的版本，格式为 Major.Minor.Build.Revision。

Publisher display name：在 Player 设置面板顶部设置的 Company Name 值会显示在此处。这是发布者的用户友好名称。

Streaming Install：勾选该复选框，可以创建包含场景的可串流资源 AppxContentGroupMap.xml 清单文件。如果要默认包含场景资源，那么在 Last required scene index 文本框中进行设置。在

AppxContentGroupMap.xml 清单文件中，场景资源索引值大于 Last required scene index 值的场景中的资源会被指定为可串流资源。

Last required scene index：在 Build Settings 窗口中的 Scenes In Build 列表框中输入索引值，该索引值对应于 Scenes In Build 列表框中必须存在于游戏构建版本中的最后一个场景。要让应用程序启动，Unity 要求所有场景的索引值都等于或小于指定的索引值。如果需要 Scenes In Build 列表框中的所有文件，则使用 Scenes In Build 列表框中最后一个场景的索引值。场景索引值较大的场景必须包含场景索引值较小的场景的共享资源。Build Settings 窗口中的场景顺序对让应用程序找到所需资源来说非常重要。

注意：在默认情况下，取消勾选 Streaming Install 复选框，该设置也不可用。如果要使该设置可用，则需要先勾选 Streaming Install 复选框。

Certificate 区域：通用 Windows 平台应用程序都需要一个用于标识开发者的证书。在创建证书前，可以单击 Certificate 区域中的 Select 按钮，从本地计算机中选择证书文件（PFX 文件），所选文件的名称会显示在 Select 按钮上。如果没有证书文件，则可以在 Unity 中生成证书文件，具体步骤如下。

（1）单击 Create 按钮，弹出 Create Test Certificate for Windows Store 对话框。

（2）在 Publisher 文本框中输入包发布者的名称。

（3）先在 Password 文本框中输入证书的密码，然后在 Confirm password 文本框中再次输入密码。

（4）单击 Create 按钮，关闭该对话框，并且在 Certificate 区域中，Publisher 和 Issued by 显示为先前输入的名称，Expiration date 显示为创建证书后的一年。

Application UI 区域：通用 Windows 平台窗口中的 Application UI 部分，Unity 将这些选项直接复制到 Package.appxmanifest 文件中。

Display name：应用程序的全名，在 Player 设置面板顶部设置的 Display name 值会显示在此处。

Description：在 Windows 应用商店中的应用程序磁贴上显示的文本，默认为 Package display name 的值。

File Type Associations、File Types 和 Protocol 区域中的设置允许用户将 Windows 应用商店中的应用程序设置为特定文件类型或 URI 方案的处理程序。

File Type Associations 区域中的 Name 是一组文件类型的名称（仅限小写），这些文件共享相同的显示名称、徽标、信息提示和编辑标志，建议将其设置为在应用程序更新时保持不变的组名称。

如果要使这些文件之间产生关联，则执行以下操作。

（1）单击 File Types 区域中的 Add New 按钮，File Types 列表中会显示一个空条目，可以添加多个文件类型。

（2）在特定文件类型的 Content Type 文本框中输入 MIME，如 image/jpeg。

（3）在 File Type 文本框中输入要注册的文件类型，前面加一个句点（如.jpeg）。

（4）如果要使其与 URI 方案产生关联，那么在 Protocol 区域的 Name 文本框中输入协议。

Misc 区域：Unity 通过订阅事件接收的输入。

Input Source：设置定义从哪里获取输入（哪些来源），目前仅适用于鼠标和触摸输入，因为键盘输入始终来自 CoreWindow。

- CoreWindow：订阅 CoreWindow 事件，此为默认选项。
- Independent：Input Source 创建独立输入源并从中接收输入。
- SwapChainPanel：订阅 SwapChainPanel 事件。
- Capabilities：启用用户希望应用程序访问的 API 或资源，可能是图片、音乐、摄像头、麦克风等设备。
- EnterpriseAuthentication：Windows 域凭据。用户可以使用该凭据登录远程资源，就像用户提供了用户名和密码一样。
- InternetClient：应用程序可以接收从互联网传入的数据。不能充当服务器，无法访问局域网。
- InternetClientServer：与 InternetClient 相同，并且启用了应用程序监听传入网络连接的对等（P2P）方案。
- MusicLibrary：访问用户的音乐，允许应用程序枚举和访问库中的所有文件，无须用户交互。该功能通常应用于使用整个音乐库的音乐播放应用程序。
- PicturesLibrary：访问用户的图片，允许应用程序枚举和访问库中的所有文件，无须用户交互。该功能通常应用于使用整个照片库的照片应用程序。
- PrivateNetworkClientServer：通过防火墙提供对家庭和工作网络的入站和出站访问。该功能通常应用于通过局域网（LAN）进行通信的游戏，以及跨各种本地设备共享数据的应用程序。
- RemovableStorage：访问可移动存储设备（如 U 盘和外部硬盘驱动器）中的文件。

Capabilities 区域的介绍如下。

SharedUserCertificates：允许应用程序在共享用户存储中添加和访问基于软件和硬件的证书，如存储在智能卡上的证书。该功能通常应用于需要智能卡进行身份验证的财务或企业应用程序。

VideosLibrary：访问用户的视频，允许应用程序枚举和访问库中的所有文件，无须用户交互。该功能通常应用于使用整个视频库的影片播放应用程序。

WebCam：访问内置摄像头或外部网络摄像头的视频输入，允许应用程序拍摄照片和视频。需要注意的是，该设置只可以授予对视频流的访问权限，如果要同时授予对音频流的访问权限，则需要启用 Microphone 功能。

Proximity：使近距离的多个设备能够互相通信。该功能通常应用于多人休闲游戏和信息交换类型的应用程序。设备会尝试使用能提供最佳连接的通信技术，包括蓝牙、Wi-Fi 和 Internet。

Microphone：访问麦克风的音频输入源，允许应用程序通过连接的麦克风录音。

Location：访问从专用硬件（如 PC 中的 GPS 传感器）或可用的网络信息中获取的位置功能。

HumanInterfaceDevice：允许访问人机接口设备 API，详细信息可以参阅 How to specify device capabilities for HID 的相关介绍。

AllJoyn：允许在网络上支持 AllJoyn 的应用程序和设备发现彼此并进行交互。

BlockedChatMessages：允许应用程序读取已被垃圾邮件过滤应用程序阻止的短信和彩信。

Chat：允许应用程序读/写所有的短信和彩信。

CodeGeneration：允许应用程序访问 VirtualProtectFromApp、CreateFileMappingFromApp、OpenFileMappingFromApp、MapViewOfFileFromApp 函数，从而为应用程序提供 JIT 能力。

Objects3D：允许应用程序以编程方式访问 3D 对象文件。该功能通常应用于需要访问整个 3D 对象库的 3D 应用程序和游戏。

PhoneCall：允许应用访问设备中的所有电话线路并执行以下功能。

- 在电话线路上拨打电话并显示系统拨号程序，但不提示用户。
- 访问与线路有关的元数据。
- 访问与线路有关的触发器。
- 允许用户选择的垃圾邮件过滤应用程序设置、检查黑名单和呼叫方信息。

UserAccountInformation：访问用户的姓名和图片。

VoipCall：允许应用程序访问 Windows.ApplicationModel.Calls 命名空间中的 VOIP 呼叫 API。

Bluetooth：允许应用程序通过 GATT 协议或 RFCOMM 协议与已配对的蓝牙设备进行通信。

SpatialPerception：提供对空间映射数据的编程访问，为混合现实应用程序提供相关用户附近空间区域（由应用程序指定）中某些表面的信息。仅在应用程序需要明确使用这些表面网格时才启用该功能，因为要让混合现实应用程序基于用户头部姿势进行全息渲染，这个功能并不是必需的。

InputInjectionBrokered：允许应用程序以编程方式将各种形式的输入（如 HID、触摸、笔、键盘或鼠标）注入系统。该功能通常应用于可以控制系统的协作应用程序。

Appointments：访问用户的日程存储。该功能允许读取从同步网络账户获取的日程，还允许读取向日程存储写入内容的其他应用程序。借助该功能，应用程序可以创建新日历并将日程写入其创建的日历。

BackgroundMediaPlayback：更改媒体专用 API（如 MediaPlayer 类和 AudioGraph 类）的行为，从而使应用程序可以在后台启用媒体播放功能，使所有活动的音频流不再静音，也就是说，在应用程序切换到后台时，可以继续发出声音。此外，在播放过程中，应用程序生命周期会自动延长。

Contacts：访问来自各个联系人存储中的联系人聚合视图。该功能可以使应用程序有限制地访问（适用网络许可规则）从各种网络和本地联系人存储中同步的联系人。

LowLevelDevices：允许应用程序在满足其他要求时访问自定义设备。

OfflineMapsManagement：允许应用程序访问离线地图。

PhoneCallHistoryPublic：允许应用程序在设备中读取手机和某些 VOIP 通话记录信息，还允许应用程序写入 VOIP 通话记录条目。

PointOfService：允许访问 Windows.Devices.PointOfService 命名空间中的 API。该命名空间允许应用程序访问服务点（POS）条形码扫描器和磁条读取器。该命名空间提供了不依赖供应商的接口，可以通过通用 Windows 平台应用程序访问来自不同制造商的 POS 设备。

RecordedCallsFolder：允许应用程序访问通话录音文件夹。

RemoteSystem：允许应用程序访问与用户的 Microsoft 账户相关联的设备列表。只有访问设备列表，才能执行跨设备操作。

SystemManagement：允许应用程序拥有基本的系统管理权限，如关闭、重启、区域设置和时区设置。

UserDataTasks：允许应用程序访问任务设置的当前状态。

UserNotificationListener：允许应用程序访问通知设置的当前状态。

使用 Unity 可以将这些设置直接复制到 Package.appxmanifest 文件中。需要注意的是，如果在先前的包上构建游戏，则不会覆盖 Package.appxmanifest 文件。

Supported Device Families 区域：设备系列可以识别同类设备中的 API、系统特征和行为，以及确定能从应用商店安装应用程序的设备集合。

Desktop：UWP 的 Windows 桌面扩展 SDK API 规范。

Mobile：UWP 的 Windows Mobile 扩展 SDK API 规范。

Xbox：UWP 的 Xbox Live 扩展 SDK API 规范。

Holographic：用于混合现实应用程序的 HoloLens（独立式全息计算机）。

Team：UWP 的 Windows 团队扩展 SDK API 规范，通常应用于 Microsoft Surface Hub 设备。

IoT：UWP 的 Windows IoT 扩展 SDK API 规范。需要注意的是，目前，面向 IoT 或 IoTHeadless 的应用程序在应用商店中无效，应当仅应用于开发中。

IoTHeadless：与 IoT 类似，但没有任何 UI。需要注意的是，目前，面向 IoT 或 IoTHeadless 的应用程序在应用商店中无效，应当仅应用于开发中。

10.5　项目建立

10.5.1　场景搭建与贴图压缩

在设置好通用 Windows 平台后，创建场景，最终的布局效果如图 10-22 所示。

图 10-22

目录结构如图 10-23 所示。

MixedRealitySceneContent：物体下面为建立的场景组件。

首先添加两个窗口，用于显示本地摄像机画面与远程接收画面，分别位于 Post 与 Recive 物体下面。然后在窗口中添加一个四方体，材质自定义，因为显示渲染贴图需要用到其 Mesh Renderer 组件。接下来在 Post 组件下面添加一个 ToggleSwitch 组件，用于显示"是否显示全息画面"按钮；添加两个 PinchSlider 组件，分别用于设置每秒发送的图片数量与 JPEG 的压缩质量。最后在这几个组件中添加改变事件，下面会提到。

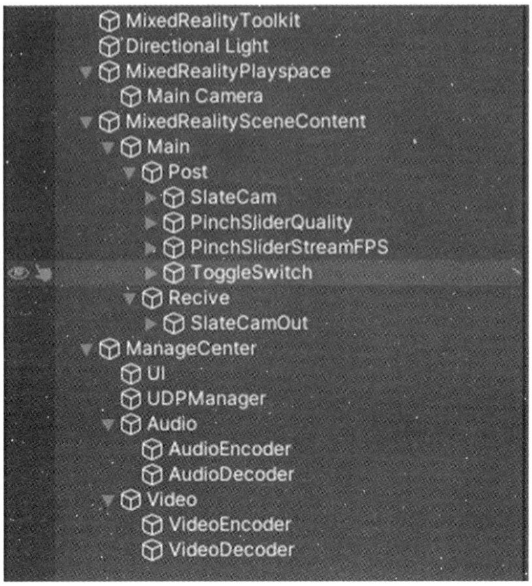

图 10-23

ManageCenter：脚本管理中心，UI 为布局控制管理，包含设置 POST 物体中几个组件的事件方法，以及每秒发送图片数量与 JPEG 压缩质量的文本显示，代码如下：

```
using Microsoft.MixedReality.Toolkit.UI;
using System;
using TMPro;
using UnityEngine;

/// <summary>
/// UI 管理
/// </summary>
public class UI : MonoBehaviour
{
    /// <summary>
    /// 图片质量显示
    /// </summary>
    public TextMeshPro TxtQuality = null;;
    /// <summary>
    /// 发送 FPS 显示
    /// </summary>
    public TextMeshPro TxtStreamFPS = null;;
    /// <summary>
    /// 设置是否显示全息画面
    /// </summary>
    /// <param name="IsShowHolo"></param>
    public void SetShowHolo(bool IsShowHolo)
    {
        VideoEncoder_GPU_XR.Instance.IsShowHolo = IsShowHolo;
    }
    /// <summary>
    /// 设置图片质量
```

```
    /// </summary>
    /// <param name="data"></param>
    public void SetQuality(SliderEventData data)
    {
        VideoEncoder_GPU_XR.Instance.Quality                             =
Mathf.Clamp(Convert.ToInt32(data.NewValue * 100), 1, 100);
        TxtQuality.text = $"Quality: {VideoEncoder_GPU_XR.Instance.Quality}";
    }
    /// <summary>
    /// 设置发送 FPS
    /// </summary>
    /// <param name="data"></param>
    public void SetStreamFPS(SliderEventData data)
    {
        VideoEncoder_GPU_XR.Instance.StreamFPS                           =
Mathf.Clamp(Convert.ToInt32(data.NewValue * 15), 1, 15);
        TxtStreamFPS.text = $"StreamFPS: {VideoEncoder_GPU_XR.Instance.StreamFPS}";
    }
}
```

　　因为需要获取 HoloLens 全息画面，所以在主摄像机组件下面要挂载一个脚本，用于获取全息画面。在这之前需要在 Project 窗口中创建一个 RenderTexture 对象 RTCamera。挂载脚本中的代码如下：

```
using UnityEngine;

/// <summary>
/// 摄像机渲染写入
/// </summary>
[RequireComponent(typeof(Camera))]
public class CameraBack : MonoBehaviour
{
    /// <summary>
    /// 需要写入的渲染贴图
    /// </summary>
    public RenderTexture RT = null;
    /// <summary>
    /// 此为 Unity 摄像机渲染事件，在显示渲染结果到屏幕前执行
    /// </summary>
    /// <param name="src">摄像机源渲染贴图</param>
    /// <param name="dest">摄像机目的渲染贴图</param>
    void OnRenderImage(RenderTexture src, RenderTexture dest)
    {
        //将摄像机源渲染贴图写入需要写入的渲染贴图
        Graphics.Blit(src, RT);
        //将摄像机源渲染贴图写入目的渲染贴图
        Graphics.Blit(src, dest);
    }
}
```

　　该获取方法为内置渲染管线获取全息画面的方法，但是 URP 或 HDRP 是没有 OnRenderImage 方法的，需要在主摄像机组件下挂载一个与主摄像机配置相同的子摄像机，并且将 RTCamera 对

象拖动到子摄像机的 Output Texture 选项中，如图 10-24 所示。

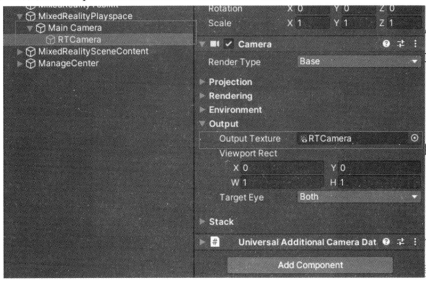

图 10-24

此外，需要挂载脚本代码（可以与视频编码脚本挂载在一起），具体如下：

```csharp
using UnityEngine;

/// <summary>
/// 摄像机渲染写入
/// </summary>
public class RTCameraRender : MonoBehaviour
{
    /// <summary>
    /// 实例
    /// </summary>
    public static RTCameraRender Instance = null;
    /// <summary>
    /// 渲染摄像机
    /// </summary>
    public Camera RTCamera = null;
    /// <summary>
    /// 刷新 Render
    /// </summary>
    [HideInInspector]
    public bool IsFlush = false;
    /// <summary>
    /// Awake
    /// </summary>
    void Awake()
    {
        if (Instance == null) Instance = this;
    }
    /// <summary>
```

```
/// Update
/// </summary>
void Update()
{
    if (!IsFlush)
    {
        RTCamera.Render();
        IsFlush = true;
    }
}
}
```

将用于进行视频编码的脚本命名为 VideoEncoder_GPU，将用于进行 GPU 计算的 ComputeShader 文件命名为 XR。

本项目需要额外修改的文件如图 10-25 所示（项目结构为内置渲染管线）。

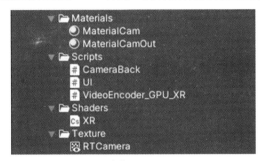

图 10-25

对 ComputeShader 文件进行一些改动，以便支持全息画面，代码如下：

```
#pragma kernel CSMain

//定义结构体
struct VBuffer
{
    int Y;
    int U;
    int V;
};
//摄像机贴图
Texture2D<float3> Input;
//全息贴图
Texture2D<float4> InputXR;
//可读/写混合贴图
RWTexture2D<float3> InputMix;
//返回结构体数组
RWStructuredBuffer<VBuffer> outputBuffer;
//显示全息内容
bool IsShowHolo;
//剪切宽度
int CutWidth;
//剪切高度
int CutHeight;
```

```
//Y64 位分量
float fdtbl_Y[64];
//UV64 位分量
float fdtbl_UV[64];
//贴图宽度
uint WIDTH;
//贴图高度
uint HEIGHT;

//RGB 转 YUV
float3 RGB2Yuv(float3 color) {
    float Y = 0.299f * color.r + 0.587f * color.g + 0.114f * color.b - 128.0f;
    float u = -0.16874f * color.r + -0.33126f * color.g + 0.50000f * color.b;
    float v = 0.50000f * color.r - 0.41869f * color.g - 0.08131f * color.b;
    return float3(Y, u, v);
}
//FDCT & 量化
void fdct(inout float data[64], in float fdtbl[64])
{
    //定义临时变量
    float tmp0; float tmp1; float tmp2; float tmp3; float tmp4;   float      tmp5;
float tmp6; float tmp7; float tmp10; float tmp11; float tmp12; float tmp13;
    float z1; float z2; float z3; float z4; float z5; float z11; float z13;
    int i;
    //定义偏移量
    int dataOff = 0;
    //进行列 DCT 计算，目的为操作 data 数组
    //计算中的相关 float 数值是 fdct 公式进行解式后取得的近似数
    //因为是有损计算，所以近似数应尽量保留多位，但影响不大
    for (i = 0; i < 8; i++) {
        tmp0 = data[dataOff + 0] + data[dataOff + 7];
        tmp7 = data[dataOff + 0] - data[dataOff + 7];
        tmp1 = data[dataOff + 1] + data[dataOff + 6];
        tmp6 = data[dataOff + 1] - data[dataOff + 6];
        tmp2 = data[dataOff + 2] + data[dataOff + 5];
        tmp5 = data[dataOff + 2] - data[dataOff + 5];
        tmp3 = data[dataOff + 3] + data[dataOff + 4];
        tmp4 = data[dataOff + 3] - data[dataOff + 4];
        tmp10 = tmp0 + tmp3;
        tmp13 = tmp0 - tmp3;
        tmp11 = tmp1 + tmp2;
        tmp12 = tmp1 - tmp2;

        data[dataOff + 0] = tmp10 + tmp11;
        data[dataOff + 4] = tmp10 - tmp11;

        z1 = (tmp12 + tmp13) * 0.707106781f;
        data[dataOff + 2] = tmp13 + z1;
        data[dataOff + 6] = tmp13 - z1;
```

```
        tmp10 = tmp4 + tmp5;
        tmp11 = tmp5 + tmp6;
        tmp12 = tmp6 + tmp7;

        z5 = (tmp10 - tmp12) * 0.382683433f;
        z2 = 0.541196100f * tmp10 + z5;
        z4 = 1.306562965f * tmp12 + z5;
        z3 = tmp11 * 0.707106781f;

        z11 = tmp7 + z3;
        z13 = tmp7 - z3;

        data[dataOff + 5] = z13 + z2;
        data[dataOff + 3] = z13 - z2;
        data[dataOff + 1] = z11 + z4;
        data[dataOff + 7] = z11 - z4;

        dataOff += 8;
}

//偏移量清零
dataOff = 0;
//进行行 DCT 计算
for (i = 0; i < 8; i++) {
        tmp0 = data[dataOff + 0] + data[dataOff + 56];
        tmp7 = data[dataOff + 0] - data[dataOff + 56];
        tmp1 = data[dataOff + 8] + data[dataOff + 48];
        tmp6 = data[dataOff + 8] - data[dataOff + 48];
        tmp2 = data[dataOff + 16] + data[dataOff + 40];
        tmp5 = data[dataOff + 16] - data[dataOff + 40];
        tmp3 = data[dataOff + 24] + data[dataOff + 32];
        tmp4 = data[dataOff + 24] - data[dataOff + 32];

        tmp10 = tmp0 + tmp3;
        tmp13 = tmp0 - tmp3;
        tmp11 = tmp1 + tmp2;
        tmp12 = tmp1 - tmp2;

        data[dataOff + 0] = tmp10 + tmp11;
        data[dataOff + 32] = tmp10 - tmp11;

        z1 = (tmp12 + tmp13) * 0.707106781f;
        data[dataOff + 16] = tmp13 + z1;
        data[dataOff + 48] = tmp13 - z1;

        tmp10 = tmp4 + tmp5;
        tmp11 = tmp5 + tmp6;
        tmp12 = tmp6 + tmp7;

        z5 = (tmp10 - tmp12) * 0.382683433f;
```

```
        z2 = 0.541196100f * tmp10 + z5;
        z4 = 1.306562965f * tmp12 + z5;
        z3 = tmp11 * 0.707106781f;

        z11 = tmp7 + z3;
        z13 = tmp7 - z3;

        data[dataOff + 40] = z13 + z2;
        data[dataOff + 24] = z13 - z2;
        data[dataOff + 8] = z11 + z4;
        data[dataOff + 56] = z11 - z4;

        dataOff++;
    }
    //量化处理
    for (i = 0; i < 64; i++) {
        //将 data 数组与量化表相乘，进行量化处理
        data[i] = round(data[i] * fdtbl[i]);
    }
}
//定义组共享内存数组
groupshared float3 pixelBlock[8][8];
groupshared float dct1[64];
groupshared float dct2[64];
groupshared float dct3[64];

//定义主函数 CSMain，并且设置执行线程组为 8×8×1 结构
//SV_GroupThreadID 组内线程 ID
//SV_GroupID 组 ID
[numthreads(8, 8, 1)]
void CSMain(uint2 id : SV_DispatchThreadID, uint2 groupThreadID : SV_GroupThreadID,
uint2 groupID : SV_GroupID)
{
    uint dx; uint ix; uint iy;

    //根据是否显示全息画面，判断是否混合全息贴图与摄像机贴图的 RGB 值
    if (IsShowHolo)
    {
        InputMix[id] = float3(InputXR[id].rgb * InputXR[id].a + Input[uint2(id.x +
CutWidth, id.y + CutHeight)].rgb * (1 - InputXR[id].a));
    }
    else
    {
        InputMix[id] = Input[uint2(id.x + CutWidth, id.y + CutHeight)];
    }
    //等待组任务完成
    GroupMemoryBarrierWithGroupSync();

    //将 YUV 数据存储于组共享内存数组中
    pixelBlock[7 - groupThreadID.y][groupThreadID.x] = RGB2Yuv
```

```
(InputMix[groupThreadID + (groupID << 3)].rgb * 255.0);
    //等待组任务完成
    GroupMemoryBarrierWithGroupSync();

    //以组为单位完成 FDCT 计算与量化
    if (groupThreadID.x == 0 && groupThreadID.y == 0) {
        dx = 0;
        for (iy = 0; iy < 8; iy++) {
            for (ix = 0; ix < 8; ix++) {
                dct1[dx] = pixelBlock[iy][ix].r;
                dct2[dx] = pixelBlock[iy][ix].g;
                dct3[dx++] = pixelBlock[iy][ix].b;
            }
        }
        fdct(dct1, fdtbl_Y);
        fdct(dct2, fdtbl_UV);
        fdct(dct3, fdtbl_UV);
    }
    //等待组任务完成
    GroupMemoryBarrierWithGroupSync();

    //将量化结果连接为一维数组
    ix = (groupThreadID.y << 3) + groupThreadID.x;
    dx = (((((HEIGHT >> 3) - groupID.y - 1) * (WIDTH >> 3) + groupID.x) << 6) + ix;
    outputBuffer[dx].Y = dct1[ix];
    outputBuffer[dx].U = dct2[ix];
    outputBuffer[dx].V = dct3[ix];
}
```

在修改 ComputeShader 文件后，全息画面的相关调用及计算部分需要添加相关支持，VideoEncoder_GPU_XR 脚本文件中的代码如下：

```
using System;
using System.Collections;
using System.IO;
using System.Threading.Tasks;
using UnityEngine;
using UnityEngine.Events;

/// <summary>
/// 视频编码发送
/// </summary>
public class VideoEncoder_GPU_XR : MonoBehaviour
{
    #region Properties

    /// <summary>
    /// 本组件单例对象
    /// </summary>
    public static VideoEncoder_GPU_XR Instance = null;
    /// <summary>
    /// 显示本地摄像机渲染贴图
```

```
            /// </summary>
            public Renderer Cam;
            /// <summary>
            /// 需要执行的 computeShader 对象
            /// </summary>
            public ComputeShader computeShader = null;
            /// <summary>
            /// 全息摄像机渲染贴图
            /// </summary>
            public RenderTexture RTCamera = null;
            /// <summary>
            /// 是否显示全息画面
            /// </summary>
            public bool IsShowHolo = false;
            /// <summary>
            /// 摄像机帧率
            /// </summary>
            public int StreamFPS = 30;
            /// <summary>
            /// 图片压缩质量参数（取值范围为0~100，数值越大，质量越高）
            /// </summary>
            public int Quality = 75;
            /// <summary>
            /// 数据发送事件
            /// </summary>
            public UnityEvent<byte[]> OnDataByteReadyEvent;


            /// <summary>
            /// 记录数据增量 ID
            /// </summary>
            int dataID = 0;
            /// <summary>
            /// 数据每次发送块的大小
            /// </summary>
            int chunkSize = 8096;
            /// <summary>
            /// 定义临时贴图对象
            /// </summary>
            private Texture texture;
            /// <summary>
            /// 定义使用的摄像贴图对象
            /// </summary>
            private WebCamTexture webCam;
            /// <summary>
            /// 混合现实渲染贴图
            /// </summary>
            private RenderTexture RenderTextureMix;


            #endregion
```

```csharp
/// <summary>
/// 初始化本组件单例对象
/// </summary>
private void Awake()
{
    if (Instance == null) Instance = this;
}


/// <summary>
/// 在启用组件时开始调用 WebCam 对象
/// </summary>
void OnEnable()
{
    StartCoroutine(StartWebCam());
}
/// <summary>
/// 在禁用组件时停止调用 WebCam 对象
/// </summary>
void OnDisable()
{
    StopCoroutine(StartWebCam());
    webCam.Stop();
}
/// <summary>
/// 开始调用 WebCam 对象
/// </summary>
IEnumerator StartWebCam()
{
    //请求 WebCam 对象的相关权限
    yield return Application.RequestUserAuthorization(UserAuthorization.WebCam);
    if (Application.HasUserAuthorization(UserAuthorization.WebCam))
    {
        //获取可用设备列表
        var devices = WebCamTexture.devices;
        int CamId = -1;
        //循环设备列表
        //如果有多个摄像机，则优先选用当前设备的前置摄像机
        for (int i = 0; i < devices.Length; i++)
        {
            CamId = i;
            if (devices[i].isFrontFacing)
            {
                break;
            }
        }
        //激活指定的 WebCam 对象
        webCam = new WebCamTexture(devices[CamId].name, 800, 800, StreamFPS);
        //给临时贴图对象赋值
        texture = webCam;
        //设置平铺纹理
```

```
        texture.wrapMode = TextureWrapMode.Repeat;
        //设置摄像设备请求的帧速率（以帧/每秒为单位）
        webCam.requestedFPS = 30;
        //启动摄像机
        webCam.Play();
        //将临时贴图对象显示到 Renderer 组件中
        Cam.material.mainTexture = texture;
        //定义渲染贴图
        RenderTextureMix = new RenderTexture(RTCamera); ;
        //一定要设置可读/写
        RenderTextureMix.enableRandomWrite = true;
        //调用 Create 方法创建
        RenderTextureMix.Create();

        //定时发送
        StartCoroutine(SenderCOR());
    }
    yield return null;
}

//下次可调用时间
float next = 0f;
//每次调用的时间间隔
float interval = 0.05f;
/// <summary>
/// 定时发送
/// </summary>
IEnumerator SenderCOR()
{
    //循环调用
    while (true)
    {
        //如果时间超过可调用时间，则调用，否则等待
        if (Time.realtimeSinceStartup > next)
        {
            //根据设置的帧率重新计算每次调用的时间间隔
            interval = 1f / StreamFPS;
            //下次可调用时间 = 当前时间 + 每次调用的时间间隔
            next = Time.realtimeSinceStartup + interval;
            //调用视频信息编码
            StartCoroutine(EncodeBytes());
        }
        yield return null;
    }
}

private int quality = 0;
private uint bytenew = 0;
private int bytepos = 7;
private ByteArray headBuffer = null;
```

```csharp
private ByteArray mainBuffer = null;
byte[] headbuffer = null;
/// <summary>
/// 视频信息编码
/// </summary>
IEnumerator EncodeBytes()
{
    //在渲染完成后调用
    yield return new WaitForEndOfFrame();
    //初始化量化表
    if (quality != Quality)
    {
        quality = Quality;

        quality = Mathf.Clamp(quality, 1, 100);
        int sf = (quality < 50) ? (int)(5000 / quality) : (int)(200 - quality * 2);

        InitHuffmanTbl();
        InitCategoryfloat();
        InitQuantTables(sf);

        headBuffer = new ByteArray();
        bytenew = 0;
        bytepos = 7;

        WriteWord(0xFFD8); // SOI
        WriteAPP0();
        WriteDQT();
        WriteSOF0(RenderTextureMix.width, RenderTextureMix.height);
        WriteDHT();
        WriteSOS();

        headbuffer = headBuffer.GetAllBytes();
    }
    //写入本帧输出流头文件
    mainBuffer = new ByteArray();
    mainBuffer.WriteBuffer(headbuffer);

    float DCY = 0;
    float DCU = 0;
    float DCV = 0;
    bytenew = 0;
    bytepos = 7;

    //调用 computeShader 对象
    var data = ShaderCall();

    //== URP | HDRP 应用代码 ==
    //== BEGIN ==
    //for (; !RTCameraRender.Instance.IsFlush;)
```

```
//{
//    yield return new WaitForEndOfFrame();
//}
//var data = ShaderCall();
//RTCameraRender.Instance.IsFlush = false;
//== END ==

bool over = false;
Task.Factory.StartNew(() =>
{
    for (int pos = 0; pos < data.Length; pos += 64)
    {
        DCY = ProcessDU(data, pos, 1, fdtbl_Y, DCY, YDC_HT, YAC_HT);
        DCU = ProcessDU(data, pos, 2, fdtbl_UV, DCU, UVDC_HT, UVAC_HT);
        DCV = ProcessDU(data, pos, 3, fdtbl_UV, DCV, UVDC_HT, UVAC_HT);
    }
    over = true;
});
for (; !over;)
{
    yield return null;
}

if (bytepos >= 0)
{
    BitString fillbits = new BitString();
    fillbits.length = bytepos + 1;
    fillbits.value = (1 << (bytepos + 1)) - 1;
    WriteBits(fillbits);
}
WriteWord(0xFFD9); //EOI

//获取数据流
var dataBytes = mainBuffer.GetAllBytes();
int _length = dataBytes.Length;
int _offset = 0;
//获取头部数据
byte[] _meta_id = BitConverter.GetBytes(dataID);
byte[] _meta_length = BitConverter.GetBytes(_length);

//防止单块数据过大，进行分块发送
int chunks = Mathf.FloorToInt(dataBytes.Length / chunkSize);
for (int i = 0; i <= chunks; i++)
{
    //数据位置
    byte[] _meta_offset = BitConverter.GetBytes(_offset);
    //本次发送数据量大小
    int SendByteLength = (i == chunks) ? (_length % chunkSize + 12) : (chunkSize
+ 12);
    //定义发送数据数组
```

```
            byte[] SendByte = new byte[SendByteLength];

            //添加数据增量 ID
            Buffer.BlockCopy(_meta_id, 0, SendByte, 0, 4);
            //添加数据长度信息
            Buffer.BlockCopy(_meta_length, 0, SendByte, 4, 4);
            //添加数据位置
            Buffer.BlockCopy(_meta_offset, 0, SendByte, 8, 4);
            //添加视频数据
            Buffer.BlockCopy(dataBytes, _offset, SendByte, 12, SendByte.Length - 12);
            //事件调用
            OnDataByteReadyEvent.Invoke(SendByte);
            //增加数据位置
            _offset += chunkSize;
        }
        //增加数据增量 ID
        dataID++;

        yield break;
    }
    /// <summary>
    /// Compute Shader 调用
    /// </summary>
    /// <returns></returns>
    VBuffer[] ShaderCall()
    {
        //如果 computeShader 对象中只有一个内核方法，那么将内核索引值设置为 0 即可
        int mainKernelHandle = 0;
        //定义输出的结构体参数
        ComputeBuffer _outputBuffer = new ComputeBuffer(RTCamera.width * RTCamera.
height, 3 * 4);
        //对 computeShader 对象传参
        computeShader.SetTexture(mainKernelHandle, "Input", texture);
        computeShader.SetTexture(mainKernelHandle, "InputXR", RTCamera);
        computeShader.SetTexture(mainKernelHandle, "InputMix", RenderTextureMix);
        computeShader.SetBool("IsShowHolo", IsShowHolo);
        computeShader.SetInt("CutWidth", (texture.width - RTCamera.width) / 2);
        computeShader.SetInt("CutHeight", (texture.height - RTCamera.height) / 2);
        computeShader.SetFloats("fdtbl_Y", fdtbl_Y);
        computeShader.SetFloats("fdtbl_UV", fdtbl_UV);
        computeShader.SetInt("WIDTH", RTCamera.width);
        computeShader.SetInt("HEIGHT", RTCamera.height);
        computeShader.SetBuffer(mainKernelHandle, "outputBuffer", _outputBuffer);
        //对 computeShader 对象的执行方法传参，注意设置线程组数
        computeShader.Dispatch(mainKernelHandle, (RTCamera.width + 7) / 8,
(RTCamera.height + 7) / 8, 1);
        //获取 computeShader 对象的返回值
        VBuffer[] outData = new VBuffer[RTCamera.width * RTCamera.height];
        _outputBuffer.GetData(outData);
        _outputBuffer.Release();
```

```
        return outData;
    }

    #region JPEG computing related methods

    #region DECLARE

    private struct BitString
    {
        public int length;
        public int value;
    }

    private BitString[] YDC_HT;
    private BitString[] UVDC_HT;
    private BitString[] YAC_HT;
    private BitString[] UVAC_HT;
    private byte[] std_dc_luminance_nrcodes = new byte[] { 0, 0, 1, 5, 1, 1, 1, 1, 1,
1, 0, 0, 0, 0, 0, 0, 0 };
    private byte[] std_dc_luminance_values = new byte[] { 0, 1, 2, 3, 4, 5, 6, 7, 8,
9, 10, 11 };
    private byte[] std_ac_luminance_nrcodes = new byte[] { 0, 0, 2, 1, 3, 3, 2, 4, 3,
5, 5, 4, 4, 0, 0, 1, 0x7d };
    private byte[] std_ac_luminance_values = new byte[]{
        0x01,0x02,0x03,0x00,0x04,0x11,0x05,0x12,
        0x21,0x31,0x41,0x06,0x13,0x51,0x61,0x07,
        0x22,0x71,0x14,0x32,0x81,0x91,0xa1,0x08,
        0x23,0x42,0xb1,0xc1,0x15,0x52,0xd1,0xf0,
        0x24,0x33,0x62,0x72,0x82,0x09,0x0a,0x16,
        0x17,0x18,0x19,0x1a,0x25,0x26,0x27,0x28,
        0x29,0x2a,0x34,0x35,0x36,0x37,0x38,0x39,
        0x3a,0x43,0x44,0x45,0x46,0x47,0x48,0x49,
        0x4a,0x53,0x54,0x55,0x56,0x57,0x58,0x59,
        0x5a,0x63,0x64,0x65,0x66,0x67,0x68,0x69,
        0x6a,0x73,0x74,0x75,0x76,0x77,0x78,0x79,
        0x7a,0x83,0x84,0x85,0x86,0x87,0x88,0x89,
        0x8a,0x92,0x93,0x94,0x95,0x96,0x97,0x98,
        0x99,0x9a,0xa2,0xa3,0xa4,0xa5,0xa6,0xa7,
        0xa8,0xa9,0xaa,0xb2,0xb3,0xb4,0xb5,0xb6,
        0xb7,0xb8,0xb9,0xba,0xc2,0xc3,0xc4,0xc5,
        0xc6,0xc7,0xc8,0xc9,0xca,0xd2,0xd3,0xd4,
        0xd5,0xd6,0xd7,0xd8,0xd9,0xda,0xe1,0xe2,
        0xe3,0xe4,0xe5,0xe6,0xe7,0xe8,0xe9,0xea,
        0xf1,0xf2,0xf3,0xf4,0xf5,0xf6,0xf7,0xf8,
        0xf9,0xfa
    };
    private byte[] std_dc_chrominance_nrcodes = new byte[] { 0, 0, 3, 1, 1, 1, 1, 1,
1, 1, 1, 1, 0, 0, 0, 0, 0 };
    private byte[] std_dc_chrominance_values = new byte[] { 0, 1, 2, 3, 4, 5, 6, 7,
```

```
8, 9, 10, 11 };
    private byte[] std_ac_chrominance_nrcodes = new byte[] { 0, 0, 2, 1, 2, 4, 4, 3,
4, 7, 5, 4, 4, 0, 1, 2, 0x77 };
    private byte[] std_ac_chrominance_values = new byte[]{
        0x00,0x01,0x02,0x03,0x11,0x04,0x05,0x21,
        0x31,0x06,0x12,0x41,0x51,0x07,0x61,0x71,
        0x13,0x22,0x32,0x81,0x08,0x14,0x42,0x91,
        0xa1,0xb1,0xc1,0x09,0x23,0x33,0x52,0xf0,
        0x15,0x62,0x72,0xd1,0x0a,0x16,0x24,0x34,
        0xe1,0x25,0xf1,0x17,0x18,0x19,0x1a,0x26,
        0x27,0x28,0x29,0x2a,0x35,0x36,0x37,0x38,
        0x39,0x3a,0x43,0x44,0x45,0x46,0x47,0x48,
        0x49,0x4a,0x53,0x54,0x55,0x56,0x57,0x58,
        0x59,0x5a,0x63,0x64,0x65,0x66,0x67,0x68,
        0x69,0x6a,0x73,0x74,0x75,0x76,0x77,0x78,
        0x79,0x7a,0x82,0x83,0x84,0x85,0x86,0x87,
        0x88,0x89,0x8a,0x92,0x93,0x94,0x95,0x96,
        0x97,0x98,0x99,0x9a,0xa2,0xa3,0xa4,0xa5,
        0xa6,0xa7,0xa8,0xa9,0xaa,0xb2,0xb3,0xb4,
        0xb5,0xb6,0xb7,0xb8,0xb9,0xba,0xc2,0xc3,
        0xc4,0xc5,0xc6,0xc7,0xc8,0xc9,0xca,0xd2,
        0xd3,0xd4,0xd5,0xd6,0xd7,0xd8,0xd9,0xda,
        0xe2,0xe3,0xe4,0xe5,0xe6,0xe7,0xe8,0xe9,
        0xea,0xf2,0xf3,0xf4,0xf5,0xf6,0xf7,0xf8,
        0xf9,0xfa
    };

    private BitString[] bitcode = new BitString[65535];
    private int[] category = new int[65535];

    private int[] YTable = new int[64];
    private int[] UVTable = new int[64];
    private float[] fdtbl_Y = new float[64 * 4];
    private float[] fdtbl_UV = new float[64 * 4];

    private int[] ZigZag = new int[]{
         0, 1, 5, 6,14,15,27,28,
         2, 4, 7,13,16,26,29,42,
         3, 8,12,17,25,30,41,43,
         9,11,18,24,31,40,44,53,
        10,19,23,32,39,45,52,54,
        20,22,33,38,46,51,55,60,
        21,34,37,47,50,56,59,61,
        35,36,48,49,57,58,62,63
    };
    #endregion

#region METHOD

#region About Huffman
```

```
    private void InitHuffmanTbl()
    {
        YDC_HT = ComputeHuffmanTbl(std_dc_luminance_nrcodes, std_dc_luminance_
values);
        UVDC_HT = ComputeHuffmanTbl(std_dc_chrominance_nrcodes, std_dc_chrominance_
values);
        YAC_HT = ComputeHuffmanTbl(std_ac_luminance_nrcodes, std_ac_luminance_
values);
        UVAC_HT = ComputeHuffmanTbl(std_ac_chrominance_nrcodes, std_ac_chrominance_
values);
    }
    private BitString[] ComputeHuffmanTbl(byte[] nrcodes, byte[] std_table)
    {
        int codevalue = 0;
        int pos_in_table = 0;
        BitString[] HT = new BitString[16 * 16];
        for (int k = 1; k <= 16; k++)
        {
            for (int j = 1; j <= nrcodes[k]; j++)
            {
                HT[std_table[pos_in_table]] = new BitString();
                HT[std_table[pos_in_table]].value = codevalue;
                HT[std_table[pos_in_table]].length = k;
                pos_in_table++;
                codevalue++;
            }
            codevalue *= 2;
        }
        return HT;
    }
    private void InitCategoryfloat()
    {
        int nrlower = 1;
        int nrupper = 2;
        int nr;
        BitString bs;
        for (int cat = 1; cat <= 15; cat++)
        {
            //正数
            for (nr = nrlower; nr < nrupper; nr++)
            {
                category[32767 + nr] = cat;

                bs = new BitString();
                bs.length = cat;
                bs.value = nr;
                bitcode[32767 + nr] = bs;
            }
            //负数
```

```
        for (nr = -(nrupper - 1); nr <= -nrlower; nr++)
        {
            category[32767 + nr] = cat;

            bs = new BitString();
            bs.length = cat;
            bs.value = nrupper - 1 + nr;
            bitcode[32767 + nr] = bs;
        }
        nrlower <<= 1;
        nrupper <<= 1;
    }
}
private void InitQuantTables(int sf)
{
    int i;
    float t;
    int[] YQT = new int[]{
        16, 11, 10, 16, 24, 40, 51, 61,
        12, 12, 14, 19, 26, 58, 60, 55,
        14, 13, 16, 24, 40, 57, 69, 56,
        14, 17, 22, 29, 51, 87, 80, 62,
        18, 22, 37, 56, 68,109,103, 77,
        24, 35, 55, 64, 81,104,113, 92,
        49, 64, 78, 87,103,121,120,101,
        72, 92, 95, 98,112,100,103, 99
    };

    for (i = 0; i < 64; i++)
    {
        t = Mathf.Floor((YQT[i] * sf + 50) / 100);
        t = Mathf.Clamp(t, 1, 255);
        YTable[ZigZag[i]] = Mathf.RoundToInt(t);
    }

    int[] UVQT = new int[]{
        17, 18, 24, 47, 99, 99, 99, 99,
        18, 21, 26, 66, 99, 99, 99, 99,
        24, 26, 56, 99, 99, 99, 99, 99,
        47, 66, 99, 99, 99, 99, 99, 99,
        99, 99, 99, 99, 99, 99, 99, 99,
        99, 99, 99, 99, 99, 99, 99, 99,
        99, 99, 99, 99, 99, 99, 99, 99,
        99, 99, 99, 99, 99, 99, 99, 99
    };
    for (i = 0; i < 64; i++)
    {
        t = Mathf.Floor((UVQT[i] * sf + 50) / 100);
        t = Mathf.Clamp(t, 1, 255);
        UVTable[ZigZag[i]] = (int)t;
```

```
    }

    float[] aasf = new float[]
    {
        1.0f, 1.387039845f, 1.306562965f, 1.175875602f,
        1.0f, 0.785694958f, 0.541196100f, 0.275899379f
    };

    i = 0;
    for (int row = 0; row < 8; row++)
    {
        for (int col = 0; col < 8; col++)
        {
            fdtbl_Y[i * 4] = (1.0f / (YTable[ZigZag[i]] * aasf[row] * aasf[col] *
8.0f));
            fdtbl_UV[i * 4] = (1.0f / (UVTable[ZigZag[i]] * aasf[row] * aasf[col]
* 8.0f));
            i++;
        }
    }
}

#endregion

#region Write HEAD

private void WriteByte(byte value)
{
    headBuffer.WriteByte(value);
}
private void WriteByteMain(byte value)
{
    mainBuffer.WriteByte(value);
}
private void WriteWord(int value)
{
    WriteByte((byte)((value >> 8) & 0xFF));
    WriteByte((byte)((value) & 0xFF));
}

private void WriteAPP0()
{
    WriteWord(0xFFE0);      //marker （标记）
    WriteWord(16);          //length（长度）
    WriteByte(0x4A);        //J
    WriteByte(0x46);        //F
    WriteByte(0x49);        //I
    WriteByte(0x46);        //F
    WriteByte(0);           //= "JFIF",'\0'
```

```
    WriteByte(1);              //versionhi（版本）
    WriteByte(1);              //versionlo
    WriteByte(0);              //xyunits（xy 单元）
    WriteWord(1);              //xdensity（x 密度）
    WriteWord(1);              //ydensity（y 密度）
    WriteByte(0);              //thumbnwidth（缩略图宽）
    WriteByte(0);              //thumbnheight（缩略图高）
}

private void WriteSOF0(int width, int height)
{
    WriteWord(0xFFC0);        //marker（标记）
    WriteWord(17);            //length, truecolor YUV JPG（长度）
    WriteByte(8);             //precision（精度）
    WriteWord(height);
    WriteWord(width);
    WriteByte(3);             //nrofcomponents（颜色分量数）
    WriteByte(1);             //IdY（颜色分量 ID）
    WriteByte(0x11);          //HVY（水平/垂直采样因子）
    WriteByte(0);             //QTY（量化表 ID）
    WriteByte(2);             //IdU（颜色分量 ID）
    WriteByte(0x11);          //HVU（水平/垂直采样因子）
    WriteByte(1);             //QTU（量化表 ID）
    WriteByte(3);             //IdV（颜色分量 ID）
    WriteByte(0x11);          //HVV（水平/垂直采样因子）
    WriteByte(1);             //QTV（量化表 ID）
}

private void WriteDQT()
{
    WriteWord(0xFFDB);        //marker（标记）
    WriteWord(132);           //length（长度）
    WriteByte(0);
    int i;
    for (i = 0; i < 64; i++)
    {
        WriteByte((byte)YTable[i]);
    }
    WriteByte(1);
    for (i = 0; i < 64; i++)
    {
        WriteByte((byte)UVTable[i]);
    }
}

private void WriteDHT()
{
    WriteWord(0xFFC4);          //marker（标记）
    WriteWord(0x01A2);          //length（长度）
    int i;
```

```
    WriteByte(0);                //HTYDCinfo （DC 信息）
    for (i = 0; i < 16; i++)
    {
        WriteByte(std_dc_luminance_nrcodes[i + 1]);
    }
    for (i = 0; i <= 11; i++)
    {
        WriteByte(std_dc_luminance_values[i]);
    }

    WriteByte(0x10);             //HTYACinfo （AC 信息）
    for (i = 0; i < 16; i++)
    {
        WriteByte(std_ac_luminance_nrcodes[i + 1]);
    }
    for (i = 0; i <= 161; i++)
    {
        WriteByte(std_ac_luminance_values[i]);
    }

    WriteByte(1);                //HTUDCinfo （DC 信息）
    for (i = 0; i < 16; i++)
    {
        WriteByte(std_dc_chrominance_nrcodes[i + 1]);
    }
    for (i = 0; i <= 11; i++)
    {
        WriteByte(std_dc_chrominance_values[i]);
    }

    WriteByte(0x11);             //HTUACinfo （AC 信息）
    for (i = 0; i < 16; i++)
    {
        WriteByte(std_ac_chrominance_nrcodes[i + 1]);
    }
    for (i = 0; i <= 161; i++)
    {
        WriteByte(std_ac_chrominance_values[i]);
    }
}

private void WriteSOS()
{
    WriteWord(0xFFDA);       //marker （标记）
    WriteWord(12);           //length（长度）
    WriteByte(3);            //nrofcomponents（颜色分量数）
    WriteByte(1);            //IdY（颜色分量 ID）
    WriteByte(0);            //HTY（直流/交流系数表号）
    WriteByte(2);            //IdU（颜色分量 ID）
```

```
        WriteByte(0x11);          //HTU（直流/交流系数表号）
        WriteByte(3);             //IdV（颜色分量 ID）
        WriteByte(0x11);          //HTV（直流/交流系数表号）
        WriteByte(0);             //Ss（压缩图像数据-谱选择开始）
        WriteByte(0x3f);          //Se（压缩图像数据-谱选择结束）
        WriteByte(0);             //Bf（压缩图像数据-谱选择）
    }

    private void WriteBits(BitString bs)
    {
        int value = bs.value;
        int posval = bs.length - 1;
        while (posval >= 0)
        {
            if ((value & System.Convert.ToUInt32(1 << posval)) != 0)
            {
                bytenew |= System.Convert.ToUInt32(1 << bytepos);
            }
            posval--;
            bytepos--;
            if (bytepos < 0)
            {
                if (bytenew == 0xFF)
                {
                    WriteByteMain(0xFF);
                    WriteByteMain(0);
                }
                else
                {
                    WriteByteMain((byte)bytenew);
                }
                bytepos = 7;
                bytenew = 0;
            }
        }
    }

    #endregion

    private float ProcessDU(VBuffer[] CDU, int pos, int idx, float[] fdtbl, float DC,
BitString[] HTDC, BitString[] HTAC)
    {
        BitString EOB = HTAC[0x00];
        BitString M16zeroes = HTAC[0xF0];
        int i;
        int[] DU = new int[64];

        for (i = 0; i < 64; i++)
        {
            DU[ZigZag[i]] = idx switch
```

```
    {
        1 => (int)CDU[i + pos].Y,
        2 => (int)CDU[i + pos].U,
        3 => (int)CDU[i + pos].V,
        _ => (int)CDU[i + pos].Y
    };
}

int Diff = (int)(DU[0] - DC);
DC = DU[0];

//DC 编码
if (Diff == 0)
{
    WriteBits(HTDC[0]); //Diff 为 0
}
else
{
    WriteBits(HTDC[category[32767 + Diff]]);
    WriteBits(bitcode[32767 + Diff]);
}
//AC 编码
int end0pos = 63;
for (; (end0pos > 0) && (DU[end0pos] == 0); end0pos--) { };

//逆序的第一个元素
if (end0pos == 0)
{
    WriteBits(EOB);
    return DC;
}
i = 1;
while (i <= end0pos)
{
    int startpos = i;
    for (; (DU[i] == 0) && (i <= end0pos); i++) { }

    int nrzeroes = i - startpos;
    if (nrzeroes >= 16)
    {
        for (int nrmarker = 1; nrmarker <= nrzeroes / 16; nrmarker++)
        {
            WriteBits(M16zeroes);
        }
        nrzeroes = (nrzeroes & 0xF);
    }
    WriteBits(HTAC[nrzeroes * 16 + category[32767 + DU[i]]]);
    WriteBits(bitcode[32767 + DU[i]]);
    i++;
}
```

```
        if (end0pos != 63)
        {
            WriteBits(EOB);
        }
        return DC;
    }

#endregion

#endregion

/// <summary>
/// 内存操作类
/// </summary>
public class ByteArray
{
    private MemoryStream stream;
    private BinaryWriter writer;

    public ByteArray()
    {
        stream = new MemoryStream();
        writer = new BinaryWriter(stream);
    }

    /**
    * AS3 中的函数——向我们的流中添加一个字节
    */
    public void WriteByte(byte value)
    {
        writer.Write(value);
    }

    public void WriteBuffer(byte[] buffer)
    {
        writer.Write(buffer);
    }

    /**
    * 输出所有字节——要么通过 WWW 传递，要么存储于磁盘中
    */
    public byte[] GetAllBytes()
    {
        byte[] buffer = new byte[stream.Length];
        stream.Position = 0;
        stream.Read(buffer, 0, buffer.Length);

        return buffer;
    }
}
```

将脚本挂载于 VideoEncoder 物体上即可。

10.5.2　组件设置

以下为摄像机组件设置。全息摄像机需要挂载 Camera Back 组件，并且将对应的 RenderTexture 对象 RTCamera 拖入，从而接收摄像机全息画面，如图 10-26 所示。

图 10-26

注意：需要修改 RTCamera 对象的尺寸，此处将其设置为 544×352，将 Color Format 设置为 R16G16B16A16_SFLOAT 或 R32G32B32A32_SFLOAT，如图 10-27 所示。

图 10-27

下面对 VideoEncoder_GPU_XR 组件进行设置，首先将 Cam 对象拖动到 Cam 属性中；然后设置 Compute Shader，将名为 XR 的 Compute Shader 文件拖动到 Compute Shader 属性中；再设置全息 RenderTexture，将 RTCamera 对象拖动到 RT Camera 属性中；最后设置是否显示全息画面、每秒发送频率和图片压缩质量。视频准备发送事件与其他平台一致，同样需要添加 UDPManager 物体并选择 ProcessSendVideoData 方法，如图 10-28 所示。

图 10-28

10.5.3　测试发布

在项目设置完成后，运行程序，如果成功运行，则会看到本地摄像机图像；如果没有显示或出现错误，则需要进行修改。

通用 Windows 平台的发布方式有两种，一种为 Unity 发布，另一种为 MRTK 插件一键发布。

1．Unity 发布

首先使用 Unity 发布方式，在菜单栏中执行 File→Build Settings...命令，打开 Build Settings窗口，将场景添加到 Scenes In Build 列表框中，如果场景已经打开，则可以直接单击 Add Open Scenes 按钮，将其添加到 Scenes In Build 列表框中。

单击 Build 按钮或 Build And Run 按钮，选择目录，用于发布 Visual Studio 项目。本项目使用 IL2CPP 脚本后端生成的项目，IL2CPP 是通用 Windows 平台构建项目时唯一支持的脚本后端。在使用 IL2CPP 构建项目时，Unity 会在创建原生二进制文件前将脚本和程序集内的 IL 代码转换为 C++代码。使用 IL2CPP 脚本后端可以创建包含 3 个项目的 Visual Studio C++解决方案，如图 10-29 所示。这些项目的用途如下。

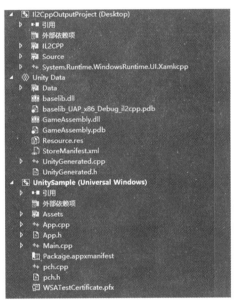

图 10-29

- Il2CppOutputProject 项目：包含从托管程序集转换的 C++代码。在每次构建时都会覆盖该项目。
- Unity Data 项目：包含所有 Unity 数据文件，如关卡、资源等。在每次构建时都会覆盖该项目。
- UnitySample 主项目：其名称与 Unity 项目名称相匹配。这是要构建到应用程序包中的项目，生成的应用程序包可以部署到设备上或上传到 Windows 应用商店中。Unity 在该项目上构建时不会覆盖项目，所以可以对其进行自由修改，无须担心更改丢失。

在发布时，需要选择合适的平台，这里需要选择 Master 和 ARM64，如图 10-30 所示。

图 10-30

生成的 Visual Studio 项目中有 3 种配置：Debug、Release 和 Master。

- Debug：该配置会禁用所有优化、保留所有调试信息，并且运行速度大幅降低。该配置主要用于调试游戏。
- Release：该配置会启用大部分代码优化，但保持性能分析器为启用状态。该配置主要用于分析游戏性能。
- Master：该配置会禁用性能分析器，主要用于进行游戏提交/最终测试。Master 配置的构建时间可能较长，但比 Release 配置快一点。

在将 HoloLens 连接到局域网后，设置项目属性，如图 10-31 所示。

图 10-31

打开"UnitySample 属性页"对话框，选择"配置属性"→"调试"选项，在"要启动的调试器"下拉列表中选择"远程计算机"选项，然后将"计算机名"设置为 HoloLens 的 IP 地址，如图 10-32 所示。HoloLens 的 IP 地址可以在 HoloLens 主界面的 Wi-Fi 配置中查看。

图 10-32

在菜单栏中执行"调试"→"开始执行（不调试）"命令或直接按 Ctrl+F5 组合键，将项目发布到设备上，如图 10-33 所示。

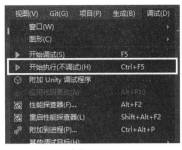

图 10-33

此外，可以在项目上右击，在弹出的快捷菜单中执行"发布"→"创建应用程序包"命令，在发布 Appx 文件包后，将其上传到 HoloLens 上或使用网页管理端进行安装，如图 10-34 所示。

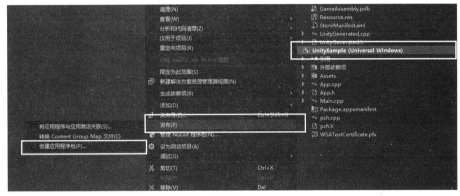

图 10-34

2．MRTK 插件一键发布

MRTK 插件一键发布需要安装 MRTK Tools 包。在安装该包后，在菜单栏中执行 Mixed Reality→Toolkit→Utilities→Build Window 命令，如图 10-35 所示，打开 Build Window 面板。

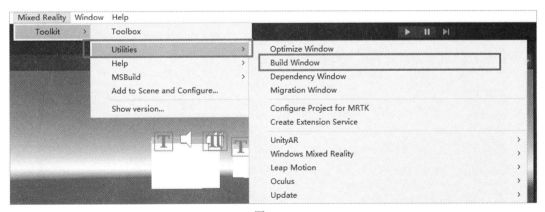

图 10-35

此构建窗口简化了发布步骤，单击 Select Folder 按钮，选择将项目发布到哪个文件夹，或者直接使用默认路径，此路径为相对于项目根目录的路径。

Build Window 面板中包含 3 个选项卡，分别为 Unity Build Options、Appx Build Options 与 Deploy Options，如图 10-36 所示。

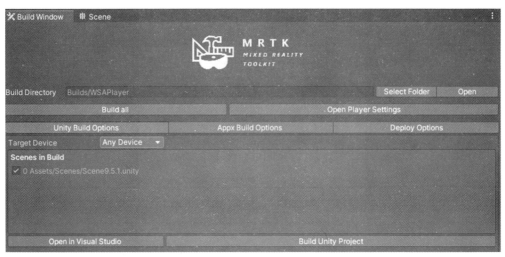

图 10-36

Unity Build Options 选项卡主要用于进行构建设置，在设置完成后，单击 Build Unity Project 按钮，可以生成 Visual Studio 项目，与在 Build Settings 窗口中单击 Build 按钮的功能相同。

Appx Build Options 选项卡主要用于进行 Appx 构建设置，在设置完成后，单击 Build Appx 按钮，如图 10-37 所示，如果未生成 Visual Studio 项目，则会弹出 Solution Not Found 对话框，单击 Yes,Build Unity 按钮，如图 10-38 所示；如果已经生成 Visual Studio 项目，那么等待生成 Appx 即可。在生成 Appx 后，会在目录下出现命名类似于 XXX_1.0.1.0_ARM64_ Master.appx 的 UWP 系统安装文件。

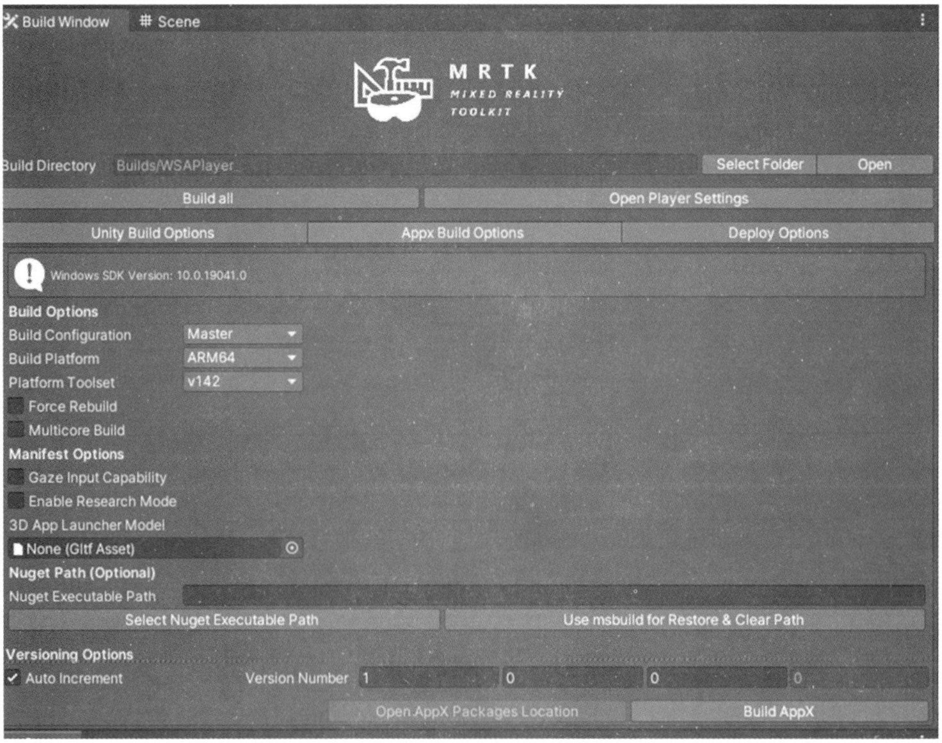

图 10-37

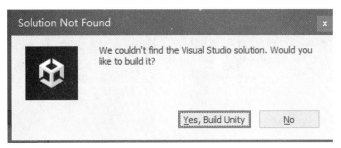

图 10-38

Deploy Options 选项卡主要用于进行部署设置，可以输入 IP 地址与 HoloLens 中设置的用户名、密码，使 Unity 直接将 Visual Studio 项目发布并安装到 HoloLens 上，如图 10-39 所示。

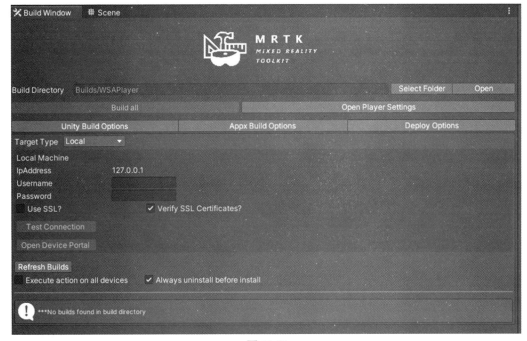

图 10-39

在 3 个选项卡上方有一个 Build all 按钮，单击该按钮，可以按顺序完成这 3 个选项卡中的发布工作。

以上为通用 Windows 平台的两种发布方式，可以根据自己的需求进行设置。还有许多其他设置，如发布调试、发布应用程序到商店中等，可以根据功能进行设置。

10.5.4　测试运行

运行程序需要在局域网中进行测试，在发布前需要设置好目标 IP，测试终端设备可以是手机、PC 或 HoloLens。

双方运行程序，即可实现局域网中的两台终端进行音视频通信，PC 端与 HoloLens 端进行通信的画面如图 10-40 所示。

图 10-40

可以看到 HoloLens 端的画面是带有全息内容的。但是，局限于 HoloLens 的硬件支持，目前不建议提高发送帧率，因为虽然已经尽量提高整体的性能，用于消除设备带来的影响，但仍然可能在 HoloLens 端造成卡顿。

随着技术及设备的迭代，更多丰富的功能会被满足，大家一起期待吧！

10.6 本章总结

本章介绍了 XR 平台音视频通信实现的相关知识，并且以 HoloLens 为代表设备讲解了 XR 平台的开发设置、构建设置、场景搭建与贴图压缩、组件设置、测试发布、测试运行等。

XR 平台是目前流行的 Unity 开发平台，学习好 XR 平台的相关知识会为工作带来较大的提升。